Chemie

der

seltenen Erden.

Von

Dr. J. Herzfeld und Dr. Otto Korn.

Springer-Verlag Berlin Heidelberg GmbH
1901

ISBN 978-3-642-50538-6 ISBN 978-3-642-50848-6 (eBook)
DOI 10.1007/978-3-642-50848-6

Softcover reprint of the hardcover 1st edition 1901

Vorwort.

Man bezeichnet mit „seltenen Erden" eine Anzahl schwer reducirbarer Oxyde, deren chemische und physikalische Eigenschaften sich ausserordentlich wenig unterscheiden. Sie finden sich in gewissen selten und in geringer Menge vorkommenden Mineralien. Die Aufmerksamkeit auf sie ist seit den letzten zehn Jahren in ausserordentlichem Maasse gelenkt worden durch die höchst geniale und wirthschaftlich hervorragende Erfindung der Gasglühlichtkörper von Auer von Welsbach in Wien, der zur Herstellung derselben sich ausschliesslich der Salze bedient, die aus den seltenen Erden gewonnen wurden. Der Erforschung sowie dem weiteren Ausbau der Chemie dieser Gruppe wandte man für die Folge erhöhten Eifer zu und man gelangte bei der Bearbeitung des Thornitrats aus dem Monazitsand sogar zu einer chemischen Grossindustrie. Chemiker aller Länder haben sich an diesem Ausbau eifrigst betheiligt und noch immer ist auf diesem Gebiete dem forschenden Geiste ein weites Feld geöffnet. Die Verfasser versuchten eine möglichst vollständige, wenn auch gedrängte Uebersicht auf diesem Arbeitsfelde der Forschung zu schaffen durch eine Monographie der seltenen Erden, die nicht nur dem bereits in der Technik stehenden Chemiker zur Orientirung über Darstellungs- und Reinigungsmethoden dienen, sondern auch dem Forscher an Hand der möglichst eingehend benutzten und angeführten Literaturquellen, die Weiterarbeit erleichtern dürfte. Dem Studirenden wird das Werkchen eine bessere Uebersicht geben, als es selbst ein grösseres Handbuch der Chemie bietet und dem analytischen Chemiker, der infolge der Ausbreitung der Glühlicht-Industrie häufiger als früher in die Lage versetzt ist, eine Untersuchung auf diesem Gebiete vorzunehmen, wird der qualitative und quantitative Theil willkommen sein.

Wir waren bemüht, allen gerecht zu werden. Sollten Unrichtigkeiten oder Druckfehler unterlaufen sein, so bitten wir im voraus um gütige Nachsicht und sind dankbar, davon direkt in Kenntniss gesetzt zu werden.

Somit unterbreiten wir das Werk der wohlwollenden Beurtheilung aller Kollegen.

Fürth i. B.

Die Verfasser.

Inhalts-Verzeichniss.

Seite

Charakteristik der seltenen Erden 1

I. Theil.

Geschichtliches 2

II. Theil.

Vorkommen der seltenen Erden. Beschreibung der Mineralien.

Das Yttrium und seine Begleiter 8
1. Gadolinit 8
2. Euxenit 10
3. Yttrotantalit 11
4. Polykras 12
5. Fergusonit 12
Tyrit 13
Polymiguit 13
Tritomit 13
6. Aeschynit 13
7. Bodenit 14
8. Yttrotitanit 15
Keilhauit 15
9. Samarskit 15
10. Yttrocerit 16
11. Xenotim 17
Vorkommen der Ceritoxyde 18
12. Cerit 18
13. Orthit 20
Cerin 21
14. Kryptolith 21
15. Fluocerit 21
16. Parisit 21

Seite

17. **Pyrochlor** 22
Mikrolith 23
18. **Erdmannit** 24
19. **Tritomit** 25
20. **Lanthanit** 25
Lanthanocerit 26
Nohlit 26
Hjelmit 26
Vorkommen von Thorium 27
21. **Thorit** 27
Orangit 28
22. **Monazit** 29
Monazitsand 31
Vorkommen des Zirkons 38
23. **Zirkon** 38
24. **Auerbachit** 39
25. **Malakon** 40
26. **Eudialit** 40
27. **Katapleiit** 41
28. **Wöhlerit** 41
29. **Oerstedtid** 42

III. Theil.

A. Methoden zur Gewinnung resp. Reindarstellung der seltenen Erden.

Behandlung der Gadoliniterde 44
Methode Berzelius 45
„ Bahr und Bunsen 46
„ Mosander 46
„ Mosander und Delafontaine 47
„ Popp 47
„ Bahr und Bunsen 47
„ Auer von Welsbach 47
„ Waage 47
„ Drossbach 48
„ Urbain 48
Terbinerde 49
Ytterbinerde 50
Scandinerde 50
Thulinerde 51
Holminerde 51
Philippinerde 51
Decipinerde 52
Samarium 53
Yα und Yβ 54
Behandlung des Cerits 54
Aufschliessung der Ceritoxyde 54
Methode Bunsen 54

Seite

Methode Marx 55
„ Jegel 55
„ Wöhler 55
Trennung der Ceriterden 55
Methode Mosander 55
„ Popp 56
„ Bunsen 56
Trennung des Lanthans vom Didym 56
Methode Hermann 56
„ Bunsen und Zschiesche 57
„ Damour und Deville 57
„ Frerichs 57
„ Auer von Welsbach 57
„ Verneuil und Wyrouboff 58
„ P. Mengel 59
„ Witt 60
„ Drossbach 61
Zerlegung des Didyms 63
Beobachtungen von Crookes 63
„ „ Boudouard 64
„ „ Eug. Demarcay 64
„ „ Urbain 64
„ „ G. Dimmer 64
Behandlung des Thorits 65
Methode Berzelius 65
„ Chydenius 65
„ Delafontaine 66
Reinigungsverfahren nach Bunsen 66
„ „ Nilson 68
Verarbeitung des Monazits 69
Methode Kosmann 69
„ Fromlein und Mai 70
„ Buddëus etc. 71
„ Drossbach 71
„ Brauner 72
„ Kosmann (Kosmium) 73
„ Wyrouboff und Verneuil 73
Behandlung des Zirkons 74
Methode Wöhler 75
„ Chancel, Hermann 75
„ Berlin 75
Kaliumsulfatmethode 75
Methode Marignac 75
„ Franz 76

B. Die Darstellung der Metalle der seltenen Erden.

Yttrium 76
Cerium 77

Seite
Lanthan 77
Didym 77
Thorium 78
Zirkonium 79

IV. Theil.

Die chemischen Verbindungen der seltenen Erden.

a) Dreiwerthige Metalle:

Yttrium: Verbindungen mit Sauerstoff 81
Salze 82
Erbium: Verbindungen mit Sauerstoff 89
Salze 89
Terbium: Verbindungen mit Sauerstoff 94
Salze 94
Ytterbium: Verbindungen mit Sauerstoff 95
Salze 95
Scandium: Verbindungen mit Sauerstoff 96
Salze 96
Decipium: Verbindungen mit Sauerstoff 98
Salze 98
Samarium: Verbindungen mit Sauerstoff 99
Salze 99
Cerium: Verbindungen mit Sauerstoff 103
Salze 107
Lanthan: Verbindungen mit Sauerstoff 115
Salze 115
Neodym und Praseodym 122
Didym: Verbindungen mit Sauerstoff 123
Salze 123

b) Vierwerthige Metalle:

Thorium: Verbindungen mit Sauerstoff 131
Salze 132
Zirkonium: Verbindungen mit Sauerstoff 138
Salze 139

V. Theil.

Chemische Analyse der seltenen Erden.

A. Qualitative Analyse 147
a) Verhalten der seltenen Erden zu den Reagentien 147
1. Yttrium-Verbindungen 147
2. Erbium-Verbindungen 148
3. Terbium-Verbindungen 149
4. Ytterbium-Verbindungen 149
5. Scandium-Verbindungen 149

Seite

6. Cero- und Ceri-Verbindungen 150
7. Lanthan-Verbindungen 152
8. Didym-Verbindungen 153
9. Samarium-Verbindungen 154
10. Thor-Verbindungen 154
11. Zirkon-Verbindungen 156
b) Vergleichende Uebersicht der Reaktionen der seltenen Erden . . . 158
c) Systematischer Gang zur qualitativen chemischen Analyse der seltenen Erden 166
B. Quantitative Analyse 169
a) Trennungsmethoden der seltenen Erden 169
1. Gadoliniterden 169
2. Ceritoxyde 171
b) Bestimmungsmethoden der seltenen Erden 180
1. Gewichtsanalytische 180
2. Volumetrische 181
c) Beschreibung vollständiger Analysen 187
1. Monazit-Analyse 187
2. Thorit-Analyse 190
3. Thornitrat-Analyse 193
4. Glühstrumpf-Analyse 199
Deutsche Reichs-Patente 205

Charakteristik der seltenen Erden.

Unter der Bezeichnung „seltene Erden“ werden die Oxyde der sogen. „Gadolinitmetalle“ (Ytteritmetalle) wie Yttrium, Erbium, Terbium, Ytterbium, Scandium, Thulium, Holmium, Philippium, Samarium, Decipium etc. und die Oxyde der Ceritmetalle wie Cer, Lanthan, Didym (Praseo- und Neodym) ferner die Oxyde der beiden Elemente Zirkon und Thor, welche letzteren in ihrem chemischen Verhalten vielfache Analogien aufweisen, zusammengefasst. Nach dem periodischen System gehören alle diese Elemente in eine Reihe mit Bor und Aluminium.

Im freien Zustande sind Yttrium, Cer, Lanthan, Didym, Thorium und Zirkonium bekannt. Die Oxyde der Erdmetalle, „die Erden“ sind farblos, geschmack- und geruchlos, feuerbeständig, in Wasser unlöslich, reagiren deshalb nicht alkalisch, und meist schwache Basen, die sich gegen starken Basen auch als schwache Säuren verhalten können. Die Oxalate aller dieser Elemente sind in Wasser schwer löslich oder unlöslich. Yttrium, Erbium, Terbium, Ytterbium und Scandium bilden Kaliumdoppelsulfate, nach der allgemeinen Formel $Me_2(SO_4)_3\,3\,K_2SO_4$ zusammengesetzt, welche, mit wenigen Ausnahmen, in Kaliumsulfatlösung löslich sind, während die entsprechenden Verbindungen des Decipium, Samarium, Holmium, Thulium und Philippium in wässerigem Kaliumsulfat unlöslich sind.

I. Theil.

Geschichtliches.

Litteratur: Graham Otto, Anorg. Chemie 5. Aufl. II, 2. — J. pr. Chem. 30, 280, Mosander. — Delafontaine, Ann. Chem. Pharm. 134, 99; J. pr. Chem. 94, 297; Ann. Chem. Pharm. 135, 88. — Popp, Ann. Chem. Pharm. 131, 179. — Bahr und Bunsen, Ann. Chem. Pharm. 137, 1. — Forhandlinge ved de skandinaviske Naturforskers Möde i. Kjöbenhavn 1860, 448. — Berzelius, Lehrbuch 5. Aufl. — Ann. Chem. Pharm. 270, 382; 263, 173. — Compt. rend. 101, 591; 102, 899.

A. Gadolinit-Erden.

1788 entdeckte Hauptmann Arrhenius in den Steinbrüchen von Ytterby in Schweden ein schwarzes Mineral, dem er den Namen Ytterbit gab.

1794 erkannte Gadolin, Professor der Chemie in Abo in diesem Mineral, welches nach ihm Gadolinit genannt wurde, eine neue Erde, die in mancher Hinsicht mit der Thonerde, in mancher mit der Kalkerde übereinstimmte.

1797 bestätigte Eckeberg die Existenz dieser neuen Erde und nannte sie Yttererde. —

1819 erkannte Berzelius das Vorhandensein von Cersesquioxyd in der aus dem Gadolinit dargestellten Yttererde.

1839 zeigte Mosander, nachdem er das Lanthan entdeckt hatte, dass das aus der Yttererde abgeschiedene Cersesquioxyd zum grossen Theile aus Lanthanoxyd bestanden hatte.

1842 machte Scherer darauf aufmerksam, dass das Verhalten der von Cer- und Lanthan-Verbindungen befreiten Yttererde beim

Glühen, auf das Vorhandensein eines höher oxidirbaren Oxydes hindeute und bei den infolge dieser Vermuthung von Mosander 1843 angestellten Versuchen ergab sich, dass die sogenannte Yttererde, wenn auch unvollkommen, in ein gelbes Oxyd, welchem von diesem Forscher der Name Erbinoxyd oder Erbinerde beigelegt wurde, und in zwei ungefärbte weisse Erden, von welchen er die schwächer basische Terbinerde nannte, der stärker basischen hingegen den Namen Yttererde liess, zerlegt werden könne[1]). Die Namen für diese Erden sind dem Namen des Fundortes des Gadolinits Ytterby, entlehnt.

So glaubte man denn lange Zeit hindurch die von Gadolin zuerst abgeschiedene Erde als ein Gemenge von nicht weniger als sechs verschiedenen Sauerstoffverbindungen, nämlich von Beryllerde, Lanthanerde, Cersesquioxyd, Yttererde, Erbinerde und Terbinerde ansehen zu dürfen. Nach der inzwischen erfolgten Entdeckung des Didyms, welches man als einen regelmässigen Begleiter der Cer- und Lanthanverbindungen auffand, durfte man endlich mit einiger Wahrscheinlichkeit Didymoxyd als Bestandtheil der rohen Yttererde annehmen.

Versuche, welche im Jahre 1860 von N. J. Berlin[2]) angestellt und veröffentlicht wurden, machten darauf die Existenz der Terbinerde wieder zweifelhaft. Indem Berlin die Versuche von Mosander in grösserem Massstabe wiederholte, gelang es ihm angeblich, die nach dem Verfahren von Mosander dargestellte Terbinerde in Erbinerde und Yttererde zu zerlegen. Delafontaine[3]) hielt infolge einer erneuten Untersuchung des Gadolinits von Ytterby die Existenz der drei Erden aufrecht, nachdem O. Popp[4]) auf Grund seiner Untersuchung 1864 sowohl die Existenz der Terbinerde als auch die der Erbinerde geleugnet und ausgesprochen hatte, dass alles, was bis dahin für diese Erden angesehen sei, aus unreiner, mit Cer- und Didymverbindungen gemischter Yttererde bestanden habe; er blieb jedoch den strengsten Beweis für die Abwesenheit der eigenthümlichen Metalle in der sog. Erbinerde und Terbinerde schuldig. —

1) J. pr. Chem. **30**, 288.

2) Forhandlinge ved de skandinaviske Naturforskeres ottende Möde i. Kjöbenhavn. **1860**, 448.

3) Ann. Chem. Pharm. **134**, 99; **135**, 188; J. pr. Chem. **94**, 297.

4) Ann. Chem. Pharm. **131**, 179.

In einer von Bahr und Bunsen[1]) 1866 veröffentlichten neuen und sehr eingehenden Arbeit über die Gadoliniterden kommen diese Forscher übereinstimmend mit Berlin zu dem Schluss, dass die Terbinerde nicht existire und dass die nach Delafontaine dargestellte Terbinerde nur ein Gemenge von Yttererde, Erbinerde mit Spuren von Ceritoxyd[2]) sei, dass aber neben der Yttererde die von Popp angezweifelte Erbinerde in dem Gadolinit angenommen werden dürfe. — Nichtsdestoweniger hielt Delafontaine in einer durch die Arbeit von Bahr und Bunsen hervorgerufenen Abhandlung[3]) die Existenz der drei Erden aufrecht. Zwar bestätigte er die Angaben, welche von Bahr und Bunsen in bezug auf die als Erbinerde bezeichnete Substanz gemacht wurden, war aber der Ansicht, dass diese Erde die reine Terbinerde von Mosander darstelle und glaubte das Misslingen ihrer in bezug auf die Gewinnung der wirklichen Erbinerde (der Terbinerde von Bahr und Bunsen) aus dem Gadolinit angestellten Versuche dadurch erklären zu können, dass nach dem zur Entfernung der Ceritoxyde angewandten Verfahren die Erbinerde mit diesen entfernt worden sei.

Nach ihm existiren demnach, entgegen den Ansichten von Popp, Bahr und Bunsen drei verschiedene Gadoliniterden: die Yttererde, die von Mosander entdeckte, aber erst von Bahr und Bunsen in reinem Zustande erhaltene Terbinerde (die Erbinerde dieser Forscher) und die Erbinerde.

Delafontaine schlug anfangs vor, das Metall der letzeren Erde Mosandrium zu nennen, nahm dann aber einen Vorschlag Marignac's an, seine Erbinerde Terbinerde zu nennen, zum Unterschied von der Erbinerde Bahr und Bunsen's. Es gelang dann Delafontaine, die Terbinerde aus dem Samarskit von Nordkarolina in grösseren Mengen zu isoliren und Marignac wies dieselbe überzeugend sowohl im Gadolinit als auch im Samarskit nach. — Auch eine von Laurence Smith[4]) aus dem Samarskit abgeschiedene und als neu betrachtete Erde, die er Mosandrium nannte, erwies sich als Terbinerde[5]). Dem steht allerdings gegenüber, dass Cleve und Höglund bei Verarbeitung grosser Mengen von

---

1) Ann. Chem. Pharm. **137**, 1.

2) Man pflegt die Sauerstoffverbindungen des Cers, Didyms und Lanthans auch wohl gemeinschaftlich Ceritoxyde zu nennen.

3) Arch. sc. phys. et natur. n. p. **25**, 105; Zeitschr. anal. Chem. **5**, 103.

4) 1878. Compt. rend. **87**, 146.

5) Ebenda **87**, 281.

Gadolinit in den Niederschlägen, welche Marignac's und Delafontaine's Terbinerde enthalten müssen, nur ein Gemenge von Didymoxyd, Yttererde und Erbinerde fanden. In neuerer Zeit scheint Cleve jedoch die Existenz der Terbinerde nicht mehr zu bezweifeln, da er in mehreren Abhandlungen von derselben als einer besonderen Erde spricht[1]). Im Jahre 1878 gelang es Marignac, durch eine Verbesserung der Methode von Bahr und Bunsen zur Trennung der Gadoliniterden zu zeigen, dass auch die Erbinerde dieser Forscher nur ein Gemenge ist. Er isolirte daraus eine neue farblose Erde von höherem Atomgewicht, welche er Ytterbinerde nannte und die im Unterschiede von der Erbinerde kein Absorptionsspektrum besitzt. Kurze Zeit darauf entdeckten Nilson und fast gleichzeitig Cleve das Vorkommen noch eines dritten Metalls in der alten Erbinerde, das Scandium, das ebenfalls kein Absorptionsspektrum besitzt und ein viel kleineres Atomgewicht als alle anderen Gadoliniterdemetalle hat. Auch die dann übrig bleibende Erbinerde enthält nach Cleve noch zwei weitere Metalle: das Holmium und Thulium, die beide ein von dem Erbium verschiedenes Absorptionsspektrum besitzen. Mit dem Holmium erwies sich ein früher von Soret als Element X bezeichnetes Metall identisch.

So war also die alte Erbinerde ein Gemenge von nicht weniger als fünf verschiedenen Erden! In dem oben erwähnten Samarskit von Nordkarolina entdeckte Delafontaine noch zwei neue Erden: die Philippinerde und die Decipinerde, von denen allerdings die Existenz der ersteren in neuerer Zeit sehr zweifelhaft geworden ist.

Zu den Metallen dieser Erden kommt noch das Samarium, das von Lecoq de Boisbaudran und Delafontaine entdeckt wurde und durch ein charakteristisches Absorptionsspektrum ausgezeichnet ist. Marignac beschreibt noch zwei Erden: $Y\alpha$ und $Y\beta$, die vielleicht mit einigen der vorhergehenden identisch sind.

B. Ceritoxyde.

1803 wurde von Klaproth, und unabhängig davon in demselben Jahre von Berzelius und Hisinger in einem in der schwedischen Provinz Westmannland gefundenen Mineral eine neue Erde entdeckte, die den Namen Ceroxyd erhielt.

---

[1]) Z. B. Chem. Soc. J. **43**. 362.

1839 zeigte Mosander, dass das neue Oxyd kein einheitlicher Körper war, sondern noch zwei neue Erden enthalte: das Lanthanoxyd und (1842) das Didymoxyd.

In dem Didymoxyd wurde sodann von Delafontaine, von Lecoq de Boisbaudran und Marignac die Existenz noch einer neuen Erde erkannt: das Samariumoxyd. Nach Demarcay sowie nach Krüss und Nilson soll dies Oxyd aus mindestens zwei Erdmetallen bestehen.

1885 zeigte Auer v. Welsbach die komplexe Natur des Didyms, indem er es in das Neodidym und das Praseodidym zerlegte (Neodym und Praseodym). Diese beiden Elemente sollen nach Krüss und Nilson (1888) noch weiter spaltbar sein, so dass demzufolge das alte Didym aus etwa acht Elementen bestände. Schliesslich wurde auch die komplexe Natur des Ceriums zu zeigen versucht[1]), welche Resultate indessen von Wyranboff und Verneuil zu widerlegen versucht wurden.

C. Thorerde.

Im Jahre 1818 glaubte Berzelius bei seinen Studien einiger seltenen Erze aus der Umgegend von Falun (Schweden) ein neues Element entdeckt zu haben, dem er den Namen Thorium gab. Es stellte sich jedoch heraus, dass es phosphorsaures Yttrium war.

Auf der norwegischen Insel Lövön wurde dann von Esmarck 1828 der Thorit gefunden, dasjenige Mineral, als welches die Thorerde hauptsächlich in der Natur vorkommt und hierin entdeckte Berzelius[2]) das neue Oxyd, dem er den Namen Thorerde gab (Thor, Sohn des Odin).

Das von Bergmann[3]) beschriebene Donarium und das von Bahr[4]) beschriebene Wasium erwiesen sich nach den Untersuchungen von Damour[5]) und Berlin als identisch mit dem Thorium. Wenn schon die Thorerde anfangs nur als sparsam vorkommendes Oxyd angesehen wurde, so hat sich seitdem gezeigt, dass dieselbe ziemlich verbreitet in der Natur vorkommt.

---

1) Schützenberger und Boudouard, Compt. rend. **120**, 663—962; **124**, 481.

2) Pogg. Ann. **16**, 385. Lehrbuch 5. Aufl. 2, 189; 3, 511.

3) Pogg. Ann. **85**, 560.

4) Ann. Chem. Pharm. **132**, 227.

5) Pogg. Ann. **85**, 555; **87**, 610.

D. Zirkonerde.

Das Zirkonium ist 1789 von Klaproth in der Zirkonerde gefunden worden. Berzelius hat später (1824) darin das Element Zirkonium isolirt. Das Studium des Minerals wurde im Jahre 1845 von Svanberg wieder aufgenommen. Derselbe behauptete, dass das beschriebene Produkt mit mehreren andern Oxyden vermischt wäre und schlug er für eines derselben den Namen „Norium" vor.

Im Jahre 1852 fand Sjogren in dem Erz Kasaplejit ein Zirkoniumoxyd von höherem specifischem Gewicht, dessen Reaktionen verschieden waren von denen, die man zu dieser Zeit dem Zirkon zuertheilte.

Arbeiten von Berlin, Hermann, Marignac und Nyland haben wenig zur Erkenntniss beigetragen.

Im Jahre 1866 sprach Charch bei seinen Studien über die Spektra der verschiedenen Abarten des Zirkons, die Voraussetzung aus, dass die konstatirten Unterschiede von dem Vorhandensein der Svanbergschen Oxyde herrühren könnten.

Einige Jahre später bewies Sorby, dass die Verschiedenheiten der Spektra durch die Abart des Minerals, genannt „Jargon" hervorgebracht würden und glaubte ein neues Element „Jargonium" annehmen zu müssen. Aber schliesslich erkannte Sorby selbst, dass das charakteristische Spektrum von der Gegenwart einer kleinen Menge Uran in dem benutzten Zirkon herrührte.

II. Theil.

Vorkommen der seltenen Erden. Beschreibung der Mineralien.

Litteratur: Rammelsberg, Handbuch der Mineralchemie und Ergänzungsheft. — Graham Otto, Anorg. Chemie, 5. Aufl., II, 2. — Gray, Chem. Ztg. 1895, 705. — Nitze, J. f. Gasbeleuchtung 1896, 58; 1897, 422. — Glaser, Chem. Ztg. 1896, 612. — Gentsch, Glühkörper für Gasglühlicht 1899. — Cosmos 1899, 129. — Journ. f. pr. Chem. 73, 209.

Das Yttrium und seine Begleiter

gehören zu den in der Natur nur in sehr spärlicher Menge und nie in freiem Zustande vorkommenden Elementen.

1. Gadolinit.

Nach den verschiedenen Vorkommen des Gadolinits unterscheidet man den Gadolinit von Hitteröe, Ytterby etc. und findet sich im Granit und Gneiss zu Bradbo, Finbo, Ytterby (Schweden), Brewik (Norwegen). Gegenwärtig hat man auch grosse Lager in Llano (Texas) entdeckt.

Gadolinit kommt vor entweder in Krystallen (klinorhombisches System) oder in amorphen Mengen von grünlichschwarzer Farbe. Härte 6,5—7. Die Zusammensetzung ist aus folgenden Analysen ersichtlich:

Fundstätte . . .	Ytterby	Hitteröe	Hitteröe	Ytterby
Untersucht von .	Humpidge		Scheerer	Richardson
Phosphorsäure . .	1,28	—	—	—
Kieselsäure . . .	25,16	24,24	25,59	24,65
Yttererde . . .	35,16	30,59	44,96	45,20
Erbinerde . . .	4,11	10,91	—	—
Ceroxyd	6,52	9,92	Lanthanoxyd 6,33	4,60
Eisenoxyd . . .	2,15	—	—	14,55
Eisenoxydul . .	12,40	16,04	12,13	—
Beryllerde . . .	9,39	6,56	10,18	11,05
Kalk	1,10	0,79	0,23	—
Magnesia . . .	—	0,23	—	—
Wasser	2,32	0,62	—	0,50
	99,59	99,90	99,42	100,55

Fundstätte . . .	Ytterby	Falun	Ytterby	
Untersucht von .	Thomson	Connel	Berlin	
Kieselsäure . . .	24,33	27,00	24,85	24,86
Eisenoxyd . . .	13,59	14,50	—	—
Eisenoxydul . .	—	—	13,01	14.80
Beryllerde . . .	11,60	6,00	4,80	3,50
Yttererde . . .	45,33	36,50	51,46	48,32
Ceroxydul . . . / Lanthanoxyd . . / Didymoxyd . . .	4,33	14,30	5,24	7,41
Kalk	—	0,50	1,61	1,34
Wasser	0,98	—	—	—
	100,16	98,8	100,97	100,23

Demnach ist der Gadolinit in diesen beryllerdereichen Vorkommen ein Drittelsilicat von Beryllium, Yttrium, Cer und Eisen.

Fundstätte . . .	Finbo b. Falun	Broddbo b. Falun	Ytterby	
Untersucht von .	Berzelius		Berlin	
Kieselsäure . . .	25,80	24,16	24,65	25,62
Eisenoxydul . .	10,26	11,34	14,69	14,44
Yttererde . . .	45,00	45.93	51,38	50,00
Ceroxydul . . .	16,69	16,90	7,99	7,90
Kalk	—	—	1,29	1,30
Magnesia . . .	—	—		0,54
Kali, Natron . .	—	—	—	0,37
Glühverlust . . .	0,60	0,60	—	0,48
	98,35	98.93	100,00	100,65

Dieser beryllerdefreie Gadolinit nähert sich sehr einem Halbsilicat, der Formel

$$R_2SiO_4 = (Y, Ce, Fe)_2SiO_4$$

entsprechend, während der beryllhaltige der Formel

$$R_3SiO_5 = (Y, Ce, Be, Fe)_3SiO_5$$

entspricht.

Der Gadolinit gelatinirt mit Salzsäure; nach dem Glühen wird er schwerer zersetzt.

2. Euxenit.

Scheerer nannte so ein derbes, norwegisches Mineral, welches bei Jölster, dann auch bei Tvedestrand gefunden war (1840).

Von Chydenius, Strecker, Forbes wurden ähnliche als Euxenit bezeichnete Substanzen untersucht. Von Rammelsberg wurden Euxenit von drei Fundorten untersucht. Euxenit bildet eine kompakte, brillant schwarze Substanz, unlöslich in Salzsäure. Mit Borax und Phosphorsalz erhält man in der Hitze eine gelbe, beim Erkalten grünliche Perle. Härte 6,5. Gepulvert braungelb bis braunroth.

Fundstätte . . .	Alvö b. Arendal	Mörefjär b. Näskilen	Eydland b. Lindesnäs	Jölster
Untersucht von .		Rammelsberg		Scheerer
Volum.-Gew.	5,00	4,672	5,103	4,60
Niobsäure . . .	35,09	34,59	33,39	49,66
Titansäure . . .	21,16	23,49	20,03	7,94
Yttererde . . .	27,48	16,63	14,60	25,09
Erbinerde . . .	3,40	9,06	7,30	—
Ceroxydul . . .	3,17	2,26	3,50	(La) 3,14
Uranbioxyd . . .	4,78	8,55	12,12	6,39
Eisenoxydul . .	1,38	3,49	3,25	—
Kalk	—	—	1,36	2,76
Wasser	2,63	3,47	2,40	3,97
$(K,Na)_2O$ . . .			0,82	
	99,09	101,54	98,77	98,90

Demnach entspricht der Euxenit der Formel

$$\left\{ \begin{matrix} 2\,R\,Ti\,O_3 \\ R\,Nb_2\,O_6 \end{matrix} \right\} + aq.$$

Die Yttererde und die sie begleitenden Erden finden sich ausserdem, ähnlich wie im Euxenit, in Verbindung mit den Säuren der sog. Niobmetalle (Tantalsäure, Niobsäure) als Niobate oder zugleich an Titansäure gebunden als Titano-Niobate im Yttrotantalit, Yttroilmenit, Polykras, Tyrit, Fergusonit, Tritomit, Polymignit, Aeschynit, Bodenit, Yttrotitanit; neben Thoroxyd, Zirkonoxyd, Eisenoxydul, Uranoxydul, Zinnsäure, auch Wolframsäure, Ceritoxyd und Kalk als Uranotantalate im Samarskit, als Fluorverbindungen von Yttrium, Cerium und Calcium im Yttrocerit, im Yttrogranat, einem dem Malanit ähnlichen Granate, ferner als Kohlensäure- und Phosphorsäure-Verbindungen im Xenotim und Wiserin. Alle diese Mineralien sind selten und kommen vorzugsweise in Schweden und Norwegen vor.

3. Yttrotantalit.

(Schwarzer Yttrotantalit.)

Untersucht von Rammelsberg. Mittel zweier Analysen. Volum. Gewicht = 5,425.

Zinnsäure	1,12
Wolframsäure	2,36
Tantalsäure	46,25
Niobsäure	12,32
Yttererde	10,52
Erbinerde	6,71
Ceroxydul	2,22
Kalk	5,73
Eisenoxydul	3,80
Uranbioxyd	1,61
Wasser	6,31
	98,95

Demnach wird der Yttrotantalit hauptsächlich von Halbtantalaten und -niobaten gebildet

$$R_2Ta_2O_7 \text{ und } R_2Nb_2O_7$$

welche mit entsprechenden Wolframiaten und Stannaten isomorph gemischt sind.

Der Yttroilmenit wurde von Hermann[1]) unterschieden, kommt bei Miask (Sibirien) vor, hat die Form des Samarskits und ist nach G. Rose und H. Rose mit demselben identisch.

[1]) J. f. pr. Ch. **33**, 87; **38**, 119 etc.

4. Polykras.

Untersucht von Rammelsberg.

	Krystallisirter	Derber
Volum.-Gew.	5,12	4,972
Tantalsäure . . .	4,00	—
Niobsäure	20,35	25,16
Titansäure	26,59	29,09
Yttererde	23,32	23,62
Erbinerde	7,53	8,84
Ceroxydul	2,61	2,94
Uranbioxyd . . .	7,70	5,62
Eisenoxydul . . .	2,72	0,45
Wasser	4,02	3,00
	98,84	98,72

Demnach besteht der Polykras aus normalen Titanaten und Niobaten nach der Formel:

$$\left.\begin{matrix} 4\,R\,Ti\,O_3 \\ R\,Nb_2\,O_6 \end{matrix}\right\} + 2\text{ aq.}$$

5. Fergusonit.

Entdeckt von Hartwall. Kleine Krystalle oder krystallinische Körner von schwarzbrauner Farbe, die eingeschlossen in Quarz sich vorfinden am Kap Farewell (Grönland) in einem feldspathigen Felsen bei Brewik und Ytterby (Norwegen). Härte 5,5—6. Gepulvert hellbraun. Krystallform: quadratische Oktaeder mit hemiedrischen Flächen. Nachstehende Analysen wurden von Rammelsberg ausgeführt.

	Grönland	Ytterby	Ytterby	Helle b. Arendal
Volum.-Gew.	5,577	4,774	5,056	4,77
Wolframsäure . .	0,15	—	0,91 (Wolframsäure + Zinnsäure)	—
Zinnsäure . . .	0,47	—		0,45
Tantalsäure . . .	6,30	27,04	8,73	—
Niobsäure . . .	44,45	28,14	40,16	45,82
Yttererde . . .	24,87	24,45	38,26 (Yttererde + Erbinerde)	18,69
Erbinerde . . .	9,81	8,26		11,71
Ceroxydul . . .	7,63	—	—	9,26
Urandioxyd . . .	2,58	2,13	1,98	6,21
Eisenoxydul . .	0,74	0,72	3,09	1,50
Kalk	0,61	4,17	3,40	2,39
Wasser	1,49	5,12	4,47	4,88
	99,10	100,03	101,00	100,91

Fundstätte . . . Untersucht von . .	Amhorst Co., Virg. (Sipylit) Mallet	Brindletown Nord. Carol. Seamon	Rockport Mass. L. Smith
Volum.-Gew.	4,89	—	5,681
Zirkonsäure . . .	2,09	—	—
Wolframsäure . .	0,16	} 0,76	—
Zinnsäure	0,08		
Tantalsäure . . .	2,00	4,08	} 48,75
Niobsäure	46,66	43,78	
Urandioxyd . . .	3,47	5,81	—
Erbinerde	26,94	} 37,21	} 46,01
Yttererde	1,00		
Ceroxyd	1,37	0,66	} 4,23
Lanth.-Didymoxyd .	7,98	3,49	
Eisenoxydul . . .	2,04	1,81	0,25
Kalk	3,28	0,65	—
Wasser	3.19	1,62	1.65
	100,26	99,87	100,89

Die Fergusonite enthalten vorherrschend fünfwerthige Elemente (Ta, Nb) und dreiwerthige (Y, Er, Ce, La, Di).

Demnach hat Fergusonit die Formel: $R_3(NbTa)_2O_8$.

Der Tyrit, von Forbes und Dahl beschrieben, ist ein Niobat aus Norwegen (Gegend von Arendal), dessen Krystalle nach Bondi und Kenngott die Form des Fergusonits haben. Ein ähnlicher Körper ist der Bragit. Der Tritomit wird bei den Cer- etc.-haltigen Mineralien Erwähnung finden.

Der Polymignit ist ein Mineral von Fredriksvärn in Norwegen, dessen Krystallform von Rose bestimmt wurde, wonach sie mit der des Aeschynits fast vollständig übereinstimmt; es wird angenommen, dass Polymignit und Aeschynit dasselbe Mineral seien.

6. Aeschynit.

Das Mineral, mit diesem Namen von Berzelius belegt, findet sich im Granit zu Miask (Ural) und auch in Norwegen und enthält bis zu 23 % Thoriumoxyd. Orthorhombische Prismen, von fast schwarzer Farbe. Härte 5—6. Pulver grau oder braungelblich.

Untersucht von .	Marignac	Rammelsberg
Volum.-Gew.	5,23	5,168
Zinnsäure	0,18	—
Titansäure	22,64	21,20
Thoroxyd	15,73	17,55
Niobsäure	28,81	32,51
Ceroxydul	18,49	19,41
Lanthanoxyd (Di) .	5,60	
Yttererde	1,12	3,10
Kalk	2,75	2,50
Eisenoxydul . . .	3,17	3,34
Wasser	1,07	—
	99,58	99,61

7. Bodenit.

Dieses Mineral stammt von Boden bei Marienberg, Sachsen und kommt in zwei Arten als Bodenit und Muromontit vor. Beide gelatiniren mit Säure, zeigen beim Erhitzen ein Erglühen und Schmelzen vor dem Löthrohr schwierig.

	Bodenit	Muromontit
Volum-Gew.	3,523	4,265
Kieselsäure	26,12	31,09
Thoroxyd	10,33	2,35
Beryllerde	—	5,51
Eisenoxydul . . .	12,05	11,23
Manganoxydul . . .	1,62	0,90
Yttererde	17,43	37,14
Ceroxydul	10,46	5,54
Lanthanoxydul . .	7,56	3,54
Kalk	6,32	0,71
Magnesia	2,34	0,42
Natron	0,84	0,65
Kali	1,21	0,17
Wasser	3,02	0,75
	99,30	100

8. Yttrotitanit.

Untersucht von	Buö bei Arendal Erdmann	Forbes	Rammelsberg	
Kieselsäure	29,72	31,33	28,50	29,48
Titansäure	28,57	28,84	27,04	26,67
Thonerde	6,00	8,03	5,45	6,24
Eisenoxyd	6,42	7,63	5,90	6,75
Kalk	18,80	19,56	17,15	20,29
Yttererde	9,68	5,30	12,08	8,16
Ceroxydul	0,47	0,28		
Kali	0,76	—	0,94	0,60
Glühverlust	—	—	3,59	0,54
	100,42	100,97	100,65	98,73

Das Volumgewicht ist: 3,69 bis 3,73. Härte 6—7. Mineral monoklinisch, auch derb bräunlichrot bis dunkelbraun, wird von Salzsäure, unter Abscheidung von Titansäure und Kieselsäure, vollkommen zersetzt.

Eine ähnliche Verbindung ist das mit dem Namen **Keilhauit** belegte Mineral, welches von dem Yttrotitanit durch einen höheren Gehalt an Kalk und Titansäure und durch das Fehlen des Aluminiums abweicht. Keilhauit ist ein derbes, schwarzes, braun durchsichtiges Mineral von Marestö bei Arendal, dessen Volum-Gewicht: 3,55—3,59 ist und nach Rammelsberg folgende Zusammensetzung hat:

Kieselsäure	30,81
Titansäure	36,63
Yttererde	6,27
Eisenoxyd	1,12
Kalk	25,03
Glühverlust	1,13
	100,99

9. Samarskit.

Der Samarskit besteht aus Halb-Niobaten (Tantalaten) gleich dem Yttrotantalit, dessen Krystallform eine sehr ähnliche ist. Vorkommen: Miask (Sibirien) und Nord-Carolina. Verglimmt beim Erhitzen, berstet auf und wird schwarzbraun, giebt mit Borax in der äusseren Flamme ein gelbgrünes bis röthliches, in der inneren ein gelbes bis grünschwarzes Glas.

Wird von Salzsäure, leichter von Schwefelsäure zersetzt. Härte 5,5—6, Pulver tief braunroth, krystall. Form: orthorhombische Prismen.

Vorkommen	Ural	Nord Carolina			
Untersucht von . . .	Rammelsberg	Smith	Allen	Brassard	Berzelius
Volum.-Gew.	5,74	—	5,839	—	4,948
Zinnsäure	0,22	0,16	0,31	0,08	0,10
Titansäure	1,08	0,56	—	—	—
Tantalsäure	—	14,36	55,13	18,60	55,41
Niobsäure	55,34	41,07		37,20	
Yttererde	8,80	6,10	14,49	14,45	14,34
Erbinerde	3,82	10,80			
Ceroxyd	4,33	2,37	4,24	4,25	4,78
Urantrioxyd	11,94	10,90	10,96	12,46	10,75
Eisenoxydul	12,87	13,15	13,27	11,65	5,34
Kalk	—	—	—	0,55	5,38
Magnesia	—	—	—	—	0,11
Kali	—	—	—	—	0,39
Natron	—	—	—	—	0,23
Wasser	—	—	0,72	1,12	2,21
	98,40	99,47	99,12	100,36	99,04

10. Yttrocerit.

Untersucht von . .	Berzelius	
Volum.-Gew.	3,447	3,363
Kalk	47,60—50,0	47,3—49,3
Ceroxydoxydul . .	18,20—16,4	9,3
Yttererde	9,1—8,1	14,9—16,1
Wasser	—	2,52

Mineral, derb in krystallinisch-körnigen Aggregaten und als Ueberzug, violettblau, Härte 4—5. Nach Rammelsberg's Angaben besteht das Cer zur Hälfte aus Lanthan und Didym und enthält das Yttrium 30% Erbium.

Der Yttrocerit wird von Säuren aufgelöst. — Er giebt beim Erhitzen Wasser ab, ist vor dem Löthrohr unschmelzbar, und verhält sich im ganzen wie Flussspath, nur ist das heisse Boraxglas in der äusseren Flamme gelb. Das Mineral stammt aus Fincho.

11. Xenotim.

Dieses seltene Mineral, welches die Form des Zirkons besitzt, wurde von Berzelius zuerst untersucht; es ist unauflöslich in kochender Salzsäure (oder Schwefelsäure). Auf Zusatz von Wasser entsteht eine klare Auflösung. Es ist unschmelzbar vor dem Löthrohr, löst sich in den Glasflüssen langsam auf und giebt ungefärbte Gläser.

Vorkommen . . . Untersucht von .	Hitteröe Berzelius		Clarksville Smith	St. Gotthard Wartha
Volum-Gew.	4,557	4,45	4,54	
Phosphorsäure . .	34,86	30,74	33,44	37,51
Yttererde . . .	65,14	60,25	55,77	62,49
Ceroxydul . . .		7,98	11,36	
	100	98,97	100,57	100

Von Schiötz (Jahrb. Min. 1876, 305) ist ebenfalls Xenotim (von Hitteröe) untersucht worden.

Phosphorsäure	31,88
Yttererde	54,88
Ceroxyd	8,24
Eisenoxyd	3,06
Eisenoxydul	0,87
Kalk	0,13
Wasser	1,56
	100,62

Xenotim oder **Wiserin** ist im wesentlichen demnach: $Y_2(PO_4)_2$. — Nach den neueren Untersuchungen von Radminsky[1]) ist er gelblichbraun bis fleischroth und krystallisirt tetragonal. — Künstlich kann er erhalten werden durch Zusammenschmelzen von Yttriumphosphat mit dem zehnfachen Gewicht von Chloryttrium.

1) Bull. soc. chim [2] **23**, 178.

Cer, Lanthan und Didym

finden sich stets gemeinschaftlich in einigen seltenen skandinavischen, sibirischen und grönländischen Mineralien als kieselsaure Salze im Cerit und Cerin zu Riddarhyttan in Schweden, als phosphorsaure Salze im Kryptolith, Monazit, Xenotim, als Fluorverbindungen im Fluocerit. Ausserdem kommen sie in dem Gadolinit, Orthit, Yttrocerit, Fergusonit, Erdmannit, Parisit, Euxenit, Tritomit, Pyrochlor, Tyrit u. a. m. vor.

Vorkommen der Ceritoxyde.

12. Cerit.

Das wichtigste und in grösster Menge vorkommende, cerhaltige Mineral ist der Cerit, das Material zur Darstellung von Verbindungen des Cers, Lanthans und Didyms.

Cerit, wie er von Riddarhyttan zu uns in den Handel gebracht wird, bildet eine theils krystallinisch derbe, theils krystallinisch körnige Masse von splittrigem Bruch; er besitzt eine röthlichbraune oder schmutzig pfirsichblüthene Farbe,das hohe spec. Gew. 4,9—5,0 und besteht im wesentlichen aus einem Gemenge der Kieselsäureverbindungen von Cersesquioxyd, Lanthanoxyd, Didymoxyd. Härte 5,5.

Nach Rammelsberg[1]) ist derselbe eine isomorphe Mischung von orthokieselsaurem Cersesquioxyd verbunden mit 3 Mol. Wasser, mit den Silicaten von Lanthan- und Didymoxyd nach der Formel:

$$2 \left\{ \begin{array}{l} Ce_2O_3 \\ La_2O_3 \\ Di_2O_3 \end{array} \right\} 3\,SiO_2 + 3\,H_2O \text{ oder } \left. \begin{array}{l} Ce_4 \\ La_4 \\ Di_4 \end{array} \right\} (SiO_4)_3 + 3\,H_2O$$

zusammengesetzt.

Vor dem Löthrohr ist er unschmelzbar und wird gelblich. Borax löst ihn in der äusseren Flamme zu einem dunkelgelben Glase, welches beim Erkalten fast farblos wird; in der inneren Flamme zeigt sich schwache Eisenreaktion. Mit Soda schmilzt er, ohne sich aufzulösen, zu einer gelben Masse. Er wird von Salzsäure unter Gallertbildung zersetzt, doch ist die Kieselsäure nicht rein.

---

1) Pogg. Ann. **107**, 631.

Der Cerit von der Bastnäsgrube bei Riddarhyttan hat folgende Zusammensetzung:

Untersucht von . . .	Hisinger	Hermann	Kjerulf	Rammelsberg	Rivot
Kieselsäure	18,0	21,34	21,30	19,18	22,15
Ceroxydul	} 68,6	60,99	58,50	64,55	64,30
Lanthanoxyd . . .		3,90	} 8,47	} 7,28	—
Didymoxyd		3,51			—
Kalk	1,25	1,65	1,23	1,31	3,5
Maganoxyd	—	—	—	—	1,25
Eisenoxydul	1,80	1,46	4,98	1,54	2,55
Wasser	9,60	7,14	5,52	5,71	5,25
	99,25	100	100	99,57	

Eine neuere Analyse von T c h e r n i k eines Cerits aus der Gegend von Batonno ergab folgende Zusammensetzung:

Wasser	3,43
Kieselsäure	6,57
Ceroxyd	34,20
Lanthanoxyd	6,73
Didymoxyd	2,27
Yttriumoxyd	6,97
Erbiumoxyd	0,67
Zirkonoxyd	11,67
Titansäure	14,73
Thoroxyd	0,73
Uran	0,03
Phosphorsäure	3,30
Kalk	2,33
Eisenoxydul	3,70
Kupferoxyd	0,67
Schwefelsäure	0,97

13. Orthit oder Allanit.

Untersucht von .	Dunnington	König	Hidden	Genth
Volum-Gew.	3,323	3,368	—	—
Kieselsäure . . .	32,35	32,90	39,03	32,05
Thonerde . . .	16,42	17,80	14,33	22,93
Ceroxyd	11,14	7,63	1,53	} 15,66
Lanthanoxyd . .	3,47	} 14,20	8,20	
Didymoxyd . . .	6,91		—	
Eisenoxyd . . .	4,49	1,20	7,10	11,04
Eisenoxydul . .	11,60	10,04	5,22	—
Manganoxydul . .	—	1,00	—	1,99
Kalk	11,47	11,32	17,47	9,43
Magnesia	—	—	—	1,28
Kali, Natron . .	0,46	—	4,29	0,74
Wasser	2,31	3,20	2,78	3,64
	100,62	99,29	99,95	98,76

Vorkommen . . .	Laacher See	Pennsylvanien	Miask (Ural)	Miask (Ural)
Untersucht von .	v. Rath	Rammelsberg		Hermann
Volum-Gew.	3,98	3,53	3,64	3,41
Kieselsäure . . .	31,83	31,86	34,08	34,47
Thonerde . . .	13,66	16,87	16,86	14,36
Eisenoxyd . . .	—	3,58	7,35	7,66
Eisenoxydul . .	18,35	12,26	7,90	8,23
Ceroxydul . . .	} 20,89	21,27	} 21,38	14,79
Lanthanoxyd (Di) .		2,40		7,66
Kalk	11,46	10,15	9,28	10,20
Magnesia	2,70	1,07	0,95	1,08
Wasser	—	1,11	1,32 0,13 CuO	1,56
	98,89	101,17	99,25	100,01

Vorkommen in Schweden, in Finbo und Ytterby, im Ural, in Sachsen und Sibirien.

Viele Vorkommen dieses Minerals werden von Salzsäure zersetzt und bilden eine Gallerte. Die Auflösung ist gelb und enthält beide Oxyde des Eisens. Nach dem Glühen werden sie schwer zersetzt. Manche Orthite werden jedoch von Säuren kaum angegriffen (Laacher See, Bastnäsgruppe). Dieses letztere Vorkommen von der Bastnäsgruppe, welches nach Danwur im geglühten Zustande zersetzt wird, führt den besonderen Namen: Cerin.

Der **Cerin** ist unzersetzbar, hat das Volum-Gewicht 4,108 und nach einer Analyse von Scheerer folgende Zusammensetzung:

Kieselsäure	31,00
Thonerde	9,10
Eisenoxyd	8,71
Eisenoxydul	12,69
Ceroxydul	17,35
Lanthanoxyd (Di)	16,08
Kalk	9,08
Magnesia	1,36
Wasser	0,33
	99,79

14. Kryptolith.

Vorkommen im Apatit von Arendal, im Kobaltglanz von Johannesberg (Schweden), in Kärarfvet bei Falun.

Untersucht von	Wöhler	Watts	Radominski
Volum-Gewicht	4,6	4,78	4,93
Fluor	—	—	4,35
Phosphorsäure	27,37	29,33	27,38
Ceroxydul (La, Di)	70,26	66,65	Oxyd 67,40
Eisenoxydul	1,51	3,16	„ 0,32
Kalk	—	—	1,24
	99,14	99,14	100,69

Die Formel für Kryptolith ist demnach:

$$(Ce, La, Di)_2P_2O_8.$$

Der **Monazit** wird bei Gelegenheit der Thorium-Mineralien besprochen werden.

15. Fluocerit.

Mit diesem Namen ist die Fluorverbindung des Cers belegt worden (Cersesquifluorid). Härte 4—5. Farbe blassziegelrot, auch gelblich.

Die Analyse (Comstock) ergab:

Cer	40,19	70,56 (Cer + Lanthan + Didym)
Lanthan, Didym	30,37 (Lanthan + Didym)	

Demnach ist Fluocerit: R_2Fl_6 wobei R = Ce, La oder Didym ist.

16. Parisit.

	I Bunsen	II Damour und Deville	III Kokscharow
Kohlensäure . . .	23,51	23,48	17,19
Cer	50,78 (Cer + Lanthan + Didym)	37,75	27,81
Lanthan		6,86	36,56
Didym		8,21	—
Calcium	8,29	7,22	—
Sauerstoff	(9,55)	(10,93)	(9,89)
Fluor	(5,49)	5,55	6,35
Wasser	3,38	—	2,20
	100	100	100

Parisit (I u. II) von Muzo, löst sich in Salzsäure ohne Chlorentwicklung mit Brausen auf. Bei Behandlung mit kalter Salpetersäure bleibt ein Rückstand der Fluoride von Cer und Calcium. (Damour und Deville).

Parisit (III) von Kyschtimsk. Entwickelt mit Salzsäure Spuren von Chlor, mit Schwefelsäure Fluorwasserstoff (Kowonew).

17. Pyrochlor.

Vom Pyrochlor sind verschiedene Vorkommen untersucht worden, besonders von Miask, Brevig, Fredriksvärn, Kaiserstuhl und Amelia Co., Virginia. Nach Rammelsbergs Vorschlag ist, da es unmöglich erscheint, die Zusammensetzung der mit dem gleichen Namen bezeichneten regulär krystallisirten Substanzen auf eine allgemeine Formel zurückzuführen, eine Trennung vorzunehmen.

Der Pyrochlor von Miask, von Brevig und von Fredriksvärn sollen zusammenbleiben, während die Substanz vom Kaiserstuhl und der Mikrolith (das Vorkommen in Virginia), welche kein

Titan enthalten, sondern nur Niobate sind (resp. Tantalate) für sich stehen müssen.

	Miask	Brevig	Fredriksvärn
Volum-Gew.	4,2—4,36	3,8—4,22	4,228
Niobsäure	53,19	58,27	47,13
Titansäure	10,47	5,38	13,52
Thoroxyd	7,56	4,96	—
Ceroxydul	7,00	5,50	7,30
Kalk	14,43	10,93	16,13
Eisenoxydul	1,84	5,53 (Eisenoxydul + Uranbioxyd)	10,03
Uranbioxyd	—		—
Natron	5,01	5,31	4,20
Fluor	nicht bestimmt	3,75	2,90
Wasser	0,70	1,53	1,39
	100,20	101,16	102,60

Pyrochlor (Mikrolith) Amelia Co. Virginia untersucht von Dunnington: (Am. chem. Journ. 3, 130.)

Tantalsäure	68,43
Niobsäure	7,74
Wolframsäure	0,30
Zinnsäure	1,05
Thonerde	0,13
Eisenoxyd	0,29
Yttererde	0,23
Cer(di)oxyd	0,17
Urantrioxyd	1,59
Kalk	11,80
Baryt	0,34
Magnesia	1,01
Natron	2,86
Kali	0,29
Fluor	2,85
Wasser	1,17
	100,25

Pyrochlor vom Kaiserstuhl untersucht von Rammelsberg und Knop.

	Knop.	Rammelsberg.
Niobsäure . . .	61,90	62,46
Ceroxydul . . .	10,10	6,19
Lanthanoxyd (Di)		3,00
Kalk	16,00	
Eisenoxydul . .	2,20	
Natron	7,52	
Kali	4,23	
Fluor	nicht bestimmt.	

18. Erdmannit.

Von Stockö bei Brevig wurden zwei Sorten dieses Minerals untersucht.

Untersucht von . .	Damour [1])	Engström [2])
Volum-Gew.	3,03	3,03
Zinnsäure	0,45	—
Kieselsäure	28,01	25,15
Zirkonsäure . . .	3,47	2,14
Borsäure	5,54	8,18
Thonerde	3,31	—
Ceroxyd	19,28	9,00
Lanthan(di)oxyd . .	8,09	8,66
Eisenoxydul . . .	5,42	3,16
Manganoxydul. . .	1,35	—
Kalk	11,00	18,78
Kali	1,98	0,42
Wasser	12,10	5,25
Thoriumoxyd . . .	—	9,93
Eisenoxyd	—	3,01
Erbium resp. Ytter-oxyd	—	2,14
Berylliumoxyd . .	—	3,16
Natron	—	1,02
	100	100

1) Ann. chim. phys. **5**, 12.
2) Groth Zeitschrift **3**, 199.

19. Tritomit.

Ein Mineral von Lamö bei Brevig, braune Tetraeder vom Volum-Gewicht 4,16—4,66 ist von Berlin, Forbes und Möller untersucht worden.

	Berlin [1])	Forbes [2])	Möller [3])
Zinnsäure (WO_3) .	4,63	3,95	0,74
Tantalsäure (ZrO_2) .	—	—	3,63
Kieselsäure . . .	20,13	21,16	15,38
Thonerde	2,24	2,86	1,61
Ceroxyd	40,36	37,64	15,14
Lanthanoxyd (Di) .	15,11	12,41	44,05
Yttererde	0,46	4,64	0,42
Kalk	5,37	4,13	6,57
Baryt (Sr) . . .	—	—	0,90
Eisenoxydul (MnO)	1,83	3,78	2,76
Natron	1,46	0,33	0,56
Kali	—	—	2,10
Wasser	7,86	8,68	5,63
	99,44	99,58	99,49

20. Lanthanit.

Den Lanthanit von Bethlehem, Lehigh Co., Pennsylvanien untersuchten Blake, Smith und Genth.

	Blake [4])	Smith [5])	Genth [6])
Kohlensäure . . .	19,53	22,27	21,08
Lanthanoxyd . . . Didymoxyd . . .	} 54,62	} 54,96	} 54,95
Wasser	25,69	24,15	23,97
	99,84	101,38	100

1) Pogg. Ann. **79**, 299.
2) Ed. N. ph. J. (2), **3**, 59.
3) Ann. Chem. Pharm. **120**, 241.
4) und 5) Amer. Journ. Scientif. (2) **16**, 47; **18**, 372.
6) Amer. Journ. Scientif. **23**, 415.

Seine Formel ist: $(La\,Di)_2C_3O_9 + 9$ aq. resp. didymfrei ausgedrückt: $La_2(CO_3)_3 + 9$ aq.

Als **Lanthanocerit** wird von Hermann ein Ceritvorkommen bezeichnet, dessen Analyse die folgenden Zahlen gab:

Kieselsäure	16,06
Thonerde	1,68
Ceroxydul	26,55
Lanthanoxyd	16,33
Didymoxyd	18,05
Eisenoxydul (w. MnO)	3,44
Kalk	3,56
Magnesia	1,25
Wasser	8,10
Kohlensäure	4,62

Nach Rammelsberg scheint ein Gemenge von Cerit mit wasserhaltigen Karbonaten vorgelegen zu haben.

Kleinere Mengen von Cer

finden sich in vielen Mineralien so im Nohlit (0,25 % Ce_2O_3 neben La_2O_3 und Di_2O_3) ferner im Hjelmit (0,48 %), Thorit, Arrhenit (2,59 %), Serpentin von Hoittis in Finnland (2,24 %) in dem von Asen in Schweden (1,25 %).

Auch in vielen Apatiten finden sich Ceritoxyde; so enthält der Apatit von Jumilla (Spanien) 1,75 % als Ceritfluoride, der von Kragerö phosphorsaure Ceritoxyde, in welcher Form nach Nordenskjöld[1]) jährlich 500—1000 Ztr. Ceritoxyde aus Norwegen exportirt werden. Auch in Pyromorphiten, Scheeliten (in dem von Traversella 0,2—0,3 %), Osteolithen, in Coprolithen, im Staffelit von Nassau wurde das Cer nicht nur spektralanalytisch nachgewiesen, sondern auch in Form von Oxalaten abgeschieden[2]). Nach Cossa[3]) findet es sich auch im Marmor, in den Knochen, in den Aschen mancher Pflanzen, wie Tabak, Gerste, Weinrebe und ist auch ein Bestandtheil des menschlichen Körpers. Aus der Asche des Verdampfungsrückstandes von 600 l. Harn konnte

1) Gmelin Kraut 2., 2. Abth., 409.
2) Horner, Jahresber. f. Chem. **1872**, 281.
3) Compt. rend. **87**, 377.

Cossa die Oxalate von Cer, Lanthan, Didym in genügender Reinheit abscheiden.

Thorium

kommt in der Natur hauptsächlich im Thorit vor als ein wasserhaltiges Thorerdesilicat ($ThSiO_4 + 2$ aq.) mit ca. 50 % Thoriumoxyd. Er ist von schwarzer Farbe, glasartig, von muscheligem Bruch und an den Kanten durchscheinend. Der Orangit unterscheidet sich vom Thorit nur durch den Wassergehalt in seiner chemischen Zusammensetzung und ist durch seine orange Färbung ausgezeichnet. Seine Zusammensetzung drückt die Formel: $3(ThSiO_4) + 4H_2O$ aus; er enthält ca. 74 % Thoriumoxyd. Ausserdem ist Thorium von Karsten im Monazit nachgewiesen worden, von Wöhler 1839 im Polychlor entdeckt worden; Hermann fand das Metall im Aeschynit (welcher ca. 10—15 % Thoriumoxyd enthält) und im Samarskit. Auch im Gadolinit und Orthit findet sich Thorium.

Vorkommen der Thorerde.

21. Thorit, Orangit.

Der Thorit, wie schon angegeben, ein wasserhaltiges Thorerdesilicat von der Formel: $ThSiO_4 + 2$ aq. wird durch Salzsäure zersetzt, wobei sich Kieselsäure gallertartig abscheidet. Infolge beigemengten Manganoxyds kann sich Chlor entwickeln. Nach dem Glühen wird er nur von Schwefelsäure zersetzt.

Thorit

findet sich im Syenit zu Löwö bei Brevik (Norwegen). Andre Lagerstätten des Thorit und des Orangit sind bei Langesundfjord, zwischen Arendal und Christiania. Härte 4,5. Farbe schwarz, rot angelaufen.

Vorkommen . . .	Hitteröe	Arendal	New York Champlainsee
Untersucht von . .	Lindström	Nordenskjöld	Collier
Volum-Gew.	5,5	4,38	4,126
Kieselsäure . . .	17,47	17,04	19,38
Thoroxyd . . .	48,66	50,06	52,07
Urantrioxyd . . .	9,00	9,78	9,96
Eisenoxyd	6,59	7,60	4,01
Thonerde	0,12	—	0,33
Yttererde (Ce) . .	3,12	1,39	—
Bleioxyd	1,26	1,67	0,40
Kalk	1,39	1,99	2,34
Magnesia	0,05	0,28	0,04
Kali, Natron . . .	0,30	—	0,11
Phosphorsäure . .	0,93	0,86	—
Wasser	10,88	9,46	11,31
	99,77	100,13	99,95

Orangit.

Untersucht von .	Bergemann [1]	Damour [2]	Berlin [3]	Chydenius [4]
Volum-Gew.	5,897	—	—	—
Kieselsäure . . .	17,69	17,52	17,78	17,76
Thoroxyd . . .	71,25	71,65	73,29	73,80
Eisenoxyd . . .	0,31	0,31	} 0,96	—
Manganoxyd . .	0,21	0,28		—
Uranoxyd . . .	—	1,13		—
Kalk	4,04	1,59	0,92	1,08
Bleioxyd	—	0,88	—	1,18
Thonerde . . .	—	0,17	—	—
Kali, Natron . .	0,30	0,47	—	—
Wasser	6,90	6,14	7,12	6,45
	100,70	100,14	100,07	100,27

Diese die grössten Mengen von Thorium enthaltenden Mineralien, welche s. Z. in Norwegen fieberhaft gesucht und exportirt wurden, sind jetzt an ihrer Lagerstätte erschöpft.

1) Pogg. Ann. **82**, 561.
2) Recherch. chim. sur un nouvel oxyde etc. 1852.
3) Pogg. Ann. **85**, 556.
4) Pogg. Ann. **119**, 43.

22. Monazit.

Chem. Eigenschaften: Der Monazit ist vor dem Löthrohr unschmelzbar, giebt mit Borax oder Phosphorsalz gelbrothe, kalt fast farblose Gläser und mit Soda Manganreaktion (nach Kersten bei der Reduktion Zinnkörner). — Löst sich in Salzsäure und giebt eine gelbe Lösung mit weissem Rückstand unter gleichzeitiger Chlorentwicklung.

Zusammensetzung: Besteht im wesentlichen aus Ceriumphosphat, bei dem ein Theil des Cers durch La, Di und Th vertreten ist. Das spec. Gew. ist 4,9—5,2. Härte 5—5,5. In Sibirien, Norwegen, Nord- und Süd-Carolina, Brasilien findet sich der Monazit in Urgebirgsmassen zusammen mit anderen Mineralien wie Feldspath, Glimmer, Zirkon, Magnetit etc. Der Süden Bahias unter 17° südl. Breite steht aber für die Gewinnung obenan, da dort ein Sand mit ca. 80% Monazit direkt gegraben und verladen wird. So wurde er entdeckt bei Slataoust (Jlmen) in der Nähe von Notero, bei Arendal (Norwegen), bei Schuttenhofen und Pisek in Böhmen, bei Portland (Corunailles), bei Burke (Carolina), bei Amelia (Virginien), bei Ouro-Preto (Brasilien), bei Caravellas (Bahia), bei Boise-City (Idaho), Ryfilke (Norwegen) etc. Die ursprüngliche Lagerstelle des Monazit in Amerika ist ein gneissoides Gestein, welches neben Monazit: Zirkon, Rutil, Xenotim, Samarskit, Columbit, Thorit, Orthit, Chromit, Magnetit, Korund, Titanit, Diamant und Gold eingesprengt enthält.

Der brasilianische Monazit bildet abgerundete, bernsteingelbe Fragmente oder im Geschiebesand vorkommende lederbraune Bohnen mit oft helleren Partien (Orangit?) angesprengt. Als Fundorte der thorium- und yttriumreichen Monazitbohnen werden die Diamantdistrikte von Rio Chico, Villa Bella, Cuyaba und Gojaz von R. J. Gray angegeben, wo sie in unerschöpflicher Menge neben Thorit, Orangit, Fergusonit, Auerlit, Gummit mit ca. 70% Thorgehalt und thorreichen Uraniten vorkommen. Der Gehalt des bestgewaschenen Monazit schwankt nach Gray[1]) zwischen 35—70% an Oxyden der Cergruppe, 0—5% Ytteroxyde und 0—9% Thorerde. Nach Rammelsberg birgt der Monazit im Mittel 31,6% Phosphorsäure, 36,4% Ceroxyd und 32% Lanthanoxyd resp. Didymoxyd; diesem Phosphat soll noch Thorit beigemengt sein. Waldron Shapleigh giebt für Monazit aus Nordamerika den Gehalt an

---

1) Chem. Ztg. **1895**, 705.

Cererde mit 28,3 %, an Didymerde mit 15,8 % und an Lanthan erde mit 13,3 % an, so dass der nordamerikanische Monazit im wesentlichen aus Phosphaten der Ceritoxyde, Spuren von Yttererden und 0—1 % Thorerde besteht; er tritt auch in schönen Krystallen auf (klinorhombische Prismen).

Einige Analysen von gut gewaschenem Material haben nach Gray folgenden Gehalt an seltenen Erden:

	Ceroxyd	Ytteroxyd	Thoroxyd
Quebec	50,2	4,5	1,1
Connecticut	61,0	—	1,4
Nord- u. Süd-Carolina	58,0	—	0,32
	63,3	0,1	0,80
	39,0	—	0,23
Bahia	53,0	1,2	1,2
Minos Geraes	51,0	2,2	2,4
Rio Chico	53,0	3,2	4,8
Villa Bella	62,4	4,4	5,3
Goyaz	64,1	5,1	7,6

Nach anderen amerikanischen Analysen[1]) enthält der Monazit:

	Phosphorsäure	Cersesquioxyd	Lanthanoxyd	Thoroxyd	Kieselsäure	Wasser
Portland County	28,18	33,54	28,33	8,25	1,67	0,37
Burk County N. C.	29,28	31,38	30,88	6,49	1,40	0,20
Amelia County [2])	26,12	29,89	26,66	14,23	2,85	0,67
Alexander County [3])	29,32	37,26	31,60	1,48	0,32	0,17
Ottawa County [4])	26,95	64,45 (zusammen)			— Al_2O_3 5,85	0,91

[1]) Industries and Iron Bd. 23, 198.

[2]) Virginia.

[3]) N.-Carolina.

[4]) Quebek.

Von einigen anderen Vorkommen folgen hier noch die Analysen:

	I Slatoust Ural	II Slatoust Ural	III Slatoust Ural	IV Rio chico b. Antioquia	V Norwich, Connect	VI Arendal
Volum-Gew.	5,0	5,142	—	—	—	5,174
Zinnsäure . . .	2,10	1,75	Spur	—	—	—
Thoroxyd . . .	17,95	—	32,45	—	7,77	—
Phosphorsäure . .	28,50	28,05	28,15	29,10	26,66	29,92
Cersesquioxyd . .	24,78	37,36	} 35,85	46,40	} 56,53	28,82
Lanthanoxyd (Di) .	23,40	27,41		24,50		40,79
Kalk	1,68	2,26	1,55	—	4,44	—
Manganoxydul . .	1,86	—	—	—	3,33	—
Kieselsäure . . .	—	—	—	—	—	—
Wasser	—	—	1,50	—	—	—
	100,27	96,83	99,47	100	98,73	99,53

I Untersucht von Kersten, Pogg. Ann. **47**, 385.
II } „ „ Hermann, J. f. pr. Ch. **33**, 90. **40**, 21. **28**, 93,
III } 109.
IV „ „ Damour, Ann. Ch. Ph. (3) **51**, 445.
V „ „ Shepard, Am. J. Sc. **32**, 62.
VI „ „ Rammelsberg, Zeitschr. d. Geol. Ges. **29**, 79. (Analyse nach Abzug v. 1,36 Fe_2O_3, 0,9 CaO, 1,6 SiO_2.)

Monazitsand.

Bis in die neueste Zeit hat man die verschiedenen Mineralien, die diese Metalle enthalten, die in diesem Werkchen zur Hauptsache besprochen werden, als sehr selten betrachtet. Besonders waren es die Untersuchungen schwedischer und dänischer Chemiker, die die Aufmerksamkeit auf dieselben lenkten. Die zuerst bekannten Lagerstätten befanden sich in Schweden und Norwegen, bis dass durch die Verwendung einiger Oxyde für die Glühlichtbeleuchtung neue Untersuchungen veranlasst wurden, die ergaben, dass die Metalle auch sonst in der Natur reichlich vorhanden waren. Man entdeckte reiche Lager an verschiedenen Orten Brasiliens, in den Vereinigten Staaten, Canada und in Australien (Neu Seeland). Nach Ramsay soll Monazit auch am nördlichen Ufer des Ladogasees (Russland) vorkommen.

Der Werth des Monazit resp. des Monazitsandes hängt ausschliesslich ab vom Gehalt an Thoriumoxyd. Ein reiner Monazitsand des Handels (s. u.) enthält gegen 50—70 % Monazit, was gewöhnlich einem Oxydgehalt zwischen 1,25—5 % ThO_2 entspricht.

Produktion und Handel mit Monazit.

Bis zum Jahre 1895 waren neben Norwegen, die Vereinigten Staaten (Nord- und Süd-Carolina) ausschliesslich Lieferanten für Thorerdebedarf. Seit 1895 beherrscht Brasilien den Weltmarkt.

Norwegens Ausbeute war zuerst dominirend, aber nie bedeutend; es produzirt jetzt geringe Mengen. Der brasilianische Monazit hat feineres Korn als der nordamerikanische, welcher erst gemahlen werden muss.

Produktion der Vereinigten Staaten von Nordamerika:

1893	59 t	Monazitsand, Werth:	32,000 M.	Gehalt an ThO_2 schwankend von 0,28—6 %; Durchschnitt: 1—1 ½ %.
1894	340 t	„ „	190,000 „	
1895	862 t	„ „	480,000 „	
1896	8 t	„ „	3,500 „	
1897	18 t	„ „	4,200 „	
1898 geschätzt	23 t	„ „	4,700 „	

Von Brasilien wurden nach Hamburg und Oesterreich verschifft:

1895	annähernd	3000 t	Monazitsand	Durchschnittsgehalt 4,5—5,2 %
1896/97		400 t	„	
1898		1950 t	„	
1895—1898	insgesammt	5350 t	Monazitsand.	

Hiervon nach Hamburg 2600 t. Im Jahre 1899 kamen aus Brasilien in Hamburg ca. 543 t Monazitsand an. Neuerdings soll Brasilien Monazitsand in kleinen Mengen auch nach England verschiffen.

Nach Mittheilung der bekannten Importfirma Gebr. Kalkmann in Hamburg betrug der deutsche Konsum ca. 500 t pro Jahr. Der Preis schwankte in den Jahren 1895 bis 1900 zwischen M. 1000 bis 250 per 1000 kg.

Preis des Thoriumnitrats:

1894	2000 M. pro kg
1895	450 „ „ „
1896	70 „ „ „
1898	40 „ „ „
1900	28 „ „ „

Ueber die Monazitablagerungen macht B. C. Nitze[1]) eingehende Schilderungen:

„Die für den Handel in betracht kommenden Monazitablagerungen sind diejenigen, welche sich im Schwemmsand der Flüsse und

1) J. f. Gasbel. u. Wasserversorg. XXXIV, Jahrg. **1896**, 58.

deren Untergründen und in Sandablagerungen längs der Seeküste finden. Solche Lagerstätten konnten sich nur in Ländern bilden, welche von der erodirenden Thätigkeit der prähistorischen Gletscher verschont blieben, welche einst einen grossen Theil der Erde, besonders in der nördlichen Hemisphäre, bedeckten. In den Ländern, welche jenseits der Grenzen der früheren Eisberge liegen, ist die weiche, obere Schicht von zerfallenen Felsen an ihrer Stelle verblieben — abgesehen von Veränderungen, welche durch die Wirkung des fliessenden Wassers verursacht wurden. Solch oberflächlicher Detritus kann eine Mächtigkeit von 20 bis 70 m besitzen, je nach den lokalen Bedingungen und der bezeichnende Name Saprolith „verfaulter Stein" ist von Geo F. Becker, dem geologischen Aufsichtsrath der Vereinigten Staaten, für solche Massen von zu Erde zerfallener, aber nicht fortgeschwemmter Gesteine angewandt worden. Durch Wassererosion und sekulare Bewegungen sind diese Saprolithe weiter zerkleinert worden und in die Strombetten und deren Untergrund gelangt. Hier wird das Material durch das fliessende Wasser einem natürlichen Sortirungs- und Koncentrationsprocess unterworfen, indem die schweren Mineralien zuerst und bei einander abgelagert werden; dies nennt man eine placer-Ablagerung, ein den Goldgräbern wohlbekannter Ausdruck. Wo die Saprolithen ursprünglich Monazit führten, wurde dies Mineral wegen seines hohen specifischen Gewichtes (4,9—5,2) angehäuft mit Mineralien wie Rutil, Brookit, Menaccanit ($FeTiO_3$) Magneteisenstein, Granat, Cyanit, Hornblende, Feldspath, Quarz etc.

Die Ablagerungen der Seesandbänke erklären sich ähnlich. Hier löst die Brandung, wenn sie sich an Klippen von Monazit führenden krystallinen Gesteinen bricht, diese auf und wäscht die leichteren Erden und Mineralien weg, wobei sie natürlich koncentrirte Ablagerungen von Monazitsand, mit geringeren oder grösseren Beimischungen fremder Mineralien, längs der Küste zurücklässt. Die geographischen Striche, an denen solch abbaufähige Monazitablagerungen gefunden wurden, sind sehr beschränkt an Zahl und Ausdehnung und finden sich, soweit unsere Kenntniss reicht, nur in Nord- und Süd-Carolina, in den Vereinigten Staaten und am Senarka-Fluss in Russland.

Von den brasilianischen Ablagerungen mag gesagt sein, dass sich die hauptsächlichsten in den Sandbänken an der Seeküste im äussersten südlichen Theil der Provinz Bahia finden. Sie sind hier fortwährend dem Wellenschlag und der Ebbe und Fluth unterworfen und während heute monazitreiche Flecken an gewissen Stellen gefunden werden, kann ihre Lage morgen gänzlich verschoben und sogar aus erreichbarer Entfernung gerückt sein, wodurch sich den Arbeiten für einen regelrechten lokalen Abbau bedeutende Schwierigkeiten entgegenstellen. Ausser an der Küste von Bahia, in der Nähe der Insel Alcobaca sind ferner Lagerstätten in der Provinz Minos Geraes, in den Diamantminen von Rio Chico, Cuyaba, Goyaz, Villa Bella, Sao Paulo und Corumba, wo der Monazitsand von M. Gorceit dem Direktor der Bergschule zu Ouro-Preto entdeckt wurde. Ferner fand man ihn bei Sao Pedro, Caravellas, Antiquia (Vereinigte Staaten von Columbien) und im Flusssand bei Buenos-Ayres (Argentinien).

Brasilien versieht jetzt fast ausschliesslich den europäischen Markt mit Monazitsand.

In den Vereinigten Staaten stehen die Schwemmsandablagerungen von Nord- und Süd-Carolina allein. Diese Fläche beträgt 1600—2000 Quadratmeilen; sie liegt in den Kreisen Burke, Mc. Dowell, Rutherford, Cleveland und Polk N.-C. und erstreckt sich bis zum Kreis Spartanburg und Greenville in Süd-Carolina. Damit soll nicht gesagt sein, dass diese ganze Fläche Monazit führt, sondern nur, dass innerhalb dieser Grenze jene zerstreuten Ablagerungen liegen, welche sich als abbaufähig erwiesen haben. — Diese hauptsächlichsten Ablagerungen findet man am Ufer des Silber-, Süd- und Nord-Muddy-Flusses, an der Henry und Jacobs-Gabelung des Catawbaflusses, am ersten und zweiten Broadriver. Diese Flüsse haben ihre Quellen in den Südbergen (South Mountains), einem östlichen Ausläufer des Blue Ridge. Das Gestein der Gegend ist Granit-Biotit-Gneiss und Dorit-Hornblende-Gneiss. Der oxydreichste Sand kommt aus Brindletown (Cleveland), aus Gumbrauch (Mac Dowell) und aus der Gegend von Bellewood.

Das goldführende Thal des Staates Idaho, in welchem man neuerdings beträchtliche Mengen von Monazitsand gefunden hat, liegt 30 Meilen nördlich von Boise City. Der Boden ist Granit und goldführender Gneiss, letzterer zur Hauptsache bestehend aus Monazit, der als sehr werthvoll erkannt wurde und bald als Nebenprodukt der Goldwäscherei ausgebeutet werden dürfte. Verschiedene Muster gaben nach dem Waschen einen Monazitsand mit 70 % Monazit, gemischt mit Zirkon, Ilmenit etc.

In Canada wird der Monazit in der Mine von Villeneuve, im Bezirke von Ottava gewonnen. Der Monazitsand ist gemischt mit Hornblende, Granat, Turmalin etc.

Der Monazit kommt in den Kiesablagerungen der Flüsse und deren Untergründen vor. Die Dicke des Flusskieses beträgt 30 bis 70 cm und der stärkste der Bergseen, in welchem er vorkommt, übersteigt 3 m, ist aber gewöhnlich weniger stark.

Gewinnung und Anreicherung des Monazitsandes: Der Procentgehalt an Monazit in dem ursprünglichen Sand ist sehr wechselnd, zwischen Spuren und 1—2%. Zur Zeit jedoch sind diese oberen Ablagerungen erschöpft und der Monazit muss aus dem tiefer liegenden Grundkies gefördert werden. Dies wird bewerkstelligt dadurch, dass Löcher von 1—2 m Tiefe gegraben werden, indem der obere werthlose Schutt entfernt wird und der darunter liegende Monazit enthaltende Sand mit einer Schaufel zu Tage gefördert wird. Man gewinnt den Monazit, indem man den Sand und den Kies in Rinnen und Schleusen durch einen schwachen Strom fliessenden Wassers wäscht, genau nach der Methode, wie das Placer Gold verarbeitet wird. Die Rinnen sind etwa 2,40 m lang, 50 cm breit und ebenso tief und sind mit einer sanften Neigung nach der Oeffnung der Grube aufgestellt. Zwei Männer arbeiten an einer Rinne; der eine schaufelt den Sand auf ein am oberen Ende der Rinne angebrachtes Sieb und der andere arbeitet den Inhalt durch einander mit einer grossen Gabel oder einer durchlöcherten Schaufel, um den leichteren Sand abzuschlemmen. Die Rinnen werden jedesmal am Ende eines Arbeitstages geleert, der gewaschene und koncentrirte Monazit gesammelt und getrocknet. Falls sich Magneteisenstein darin findet, wird dieser aus dem trocknen Sand durch Behandeln mit einem grossen Handmagneten entfernt. Viele der schweren Mineralien wie Zirkon, Rutil, Brookit, Menaccanit, Granat etc. können nicht völlig beseitigt werden, da ihr spec. Gewicht dem des Monazits zu nahe steht. Der für den Handel präparirte Sand ist deshalb nach dem Waschen durchgängig noch kein reiner Monazit. Ein gereinigter Sand mit 65—75% Monazit wird für eine gute Qualität betrachtet. Zuweilen werden zwei Schleusenrinnen angewandt, die eine über der anderen. Der Sand wird ohne Rücksicht auf Verlust in der ersten gewaschen, wobei ein kleiner Theil sehr reinen Produktes erhalten wird, welches vielleicht an 85% Monazit herankommt. Das vom unteren Ende der ersten Rinne in das obere Ende der zweiten fliessende Material enthält noch den grössten Theil des Monazits. Es wird in dieser zweiten Rinne einem ähnlichen Waschprocess unterworfen, wobei eine zweite Sorte Sand gewonnen wird, welche, wie gesagt, 60—70% Monazit enthält. Aus dieser Rinne findet immer ein unvermeidlicher Verlust von Monazit am Ende statt, der zuweilen beträchtlich ist. Häufig wird die zweite Sorte nach dem Trocknen weiter gereinigt, indem man sie in einem feinen Strahl aus einer engen Röhre ausfliessen lässt, die etwa 1—1 1/2 m über einem ebenen Brett oder einem Tuch angebracht ist. Sowie es auf einen Haufen fällt, sammelt sich der leichtere Sand mit einigem feinkörnigen Monazit zusammen an der Peripherie des Haufens an und wird fortwährend mit einer gewöhnlichen Kleiderbürste weggebürstet.

Ein anderes primitives Verfahren ist landläufig, wobei man diesen feinen Sandstrahl durch eine Kornschwinge fallen lässt, wie sie die Farmer verwenden, um die Spreu vom Weizen zu sondern, wobei die leichteren Sandkörner und der feine Monazit auf einen Haufen geschleudert werden, getrennt vom schwereren Monazit und andern Mineralkörnern (Rutil, Granat etc.). Dies trockene Material wird dann wieder in den Schleusenrinnen gewaschen und so eine dritte Sorte von feinkörnigem Monazit erhalten.

Der Verfasser weist darauf hin, dass es bei diesem Wasch- und Concentrationsverfahren unmöglich ist, ein vollkommen reines Monazitprodukt in einiger Menge zu gewinnen, da bei weitem der grössere Theil nur 65—75% enthält, dessen Rest 35—25 % hauptsächlich Rutil und Granat und einige andere schwere Mineralien sind; sodann finde stets ein bedeutender Verlust von Monazit beim Schlemmen statt und schliesslich sei es eine zeitraubende und langweilige Arbeit.

Es wird weiter auf das Patent von Wilken und Nitze hingewiesen, welches gestatte, den unreinen Monazit zu concentriren und zu reinigen und ohne zu hohe Kosten und mit möglichst geringem Verluste, ein im technischen Sinne ganz reines Handelsprodukt zu erhalten.

Der Procentgehalt an Thorerde ist im Monazit von Carolina, wie überall, verschieden und schwankt von 2—6%.

T. L. Philipson[1]) beschreibt eine wohlfeilere Herstellung der seltenen Erden als die Verarbeitung der seltenen Mineralien Thorit, Orangit, Cerit, Gadolinit, Monazit, Pyrochlor, Eudialyt etc. aus dem gewöhnlichen norwegischen Granit, auf welches wir weiter unten eingehen werden.

Ueber die Zusammensetzung des Monazitsandes geben folgende Analysen Aufschluss.

---

1) Chem. News **1896**, 72, 145, Chem. Ztg. Repert. **1896**, 95.

C. Glaser[1]) giebt die Analysenresultate dreier von ihm untersuchter Monazitsande:

	I Burke N.-C.	II Gröblicher Monazitsand von honiggelber Farbe von Shelby N.-C.	III Feiner Monazitsand von honiggelber Farbe von Bellewood N.-C.
Kieselsäure . . .	6,40	3,20	1,45
Titansäure	4,67	0,61	1,40
Tantalsäure . . .	0,66	—	6,39
Phosphorsäure . . .	18,38	28,16	26,05
Blei	Spur	—	—
Thonerde	1,62	—	0,15
Kalk	1,20	—	—
Ceroxyd Ce_2O_3 . .	32,93	} 63,80	59,09
La- und Di-Oxyd .	7,93		
Thoroxyd	1,43	2,32	1,19
Eisenoxyd	7,83	—	—
Zirkonerde	} 13,98	} 1,52	} 2,68
Yttererde			
Beryllerde	1,25		
Nicht bestimmt . .	1,72	Mangan, Eisen } Spur.	Manganoxyd, Eisenoxyd } 0,65
	100,00	99,61	99,05

I. Die Bestimmung der Tantalsäure ist hierbei nur eine annähernde und ist es wahrscheinlich, dass der grösste Theil der Lücke 1,72 auf Rechnung der Tantalsäure zu setzen ist.

II. und III. Diese beiden Monazitsande waren durch einen neuen Reinigungsprocess von Rutil, Granaten und anderen Beimengungen befreit. —

Bunte[2]) giebt für den Monazitsand aus Süd-Carolina folgende Zusammensetzung an:

Ceroxyd	34,50%
Lanthanoxyd	28,60%
Thoroxyd	7,00%
Phosphorsäure	26,00%
Titansäure	0,90%
Kieselsäure	2,00%
Zirkonsäure	0,70%

[1]) Chem. Ztg. **1896**, 612.

[2]) Journ. f. Gasbel. etc. **1897**, 422.

Yttriumoxyd	0,20%
Kalk, Magnesia etc.	0,70%

Der Monazitsand von Prado[1]) (Bahia) enthält:

Cer	62,70%
Thor	1,5—3,5%
Yttrium	1,0—3,0%
Lanthan	2,5%
Eisen	2,5%
Aluminium	3,0%

Es sei noch hingewiesen auf den Vortrag von Douilhet über Monazitsand auf dem Intern. Kongress für angew. Chemie[2]).

Vorkommen des Zirkon.

Zirkon ist sehr verbreitet in der Natur, findet sich immer in Gesellschaft mit Monazit und kommt hauptsächlich im Mineral Zirkon und dessen Varietät: Hyacinth vor als orthokieselsaure Zirkonerde in Ceylon, im Syenitgebirge des südöstlichen Norwegens, im Ilmengebirge in Russland. Weitere Mineralien, in denen Zirkon sich findet, sind: Auerbachit, ebenfalls ein Zirkonsilicat; Malakon, ein wasserhaltiger Zirkon, Eudialyt, welcher Kieselsäure, Zirkon, Thonerde, Eisenoxyd und Kalk enthält; Katapleiit (Kieselsäure, Zirkon, Natron, Kalk, Wasser); Wöhlerit (Kieselsäure, Niobsäure, Zirkon, Kalk und Natron) und Oerstedtit (Kieselsäure, Zirkon, Titansäure, Wasser). Neuere wichtige Fundstätten sind Nord-Carolina, Texas und Neuseeland (Tasmania). An der letzten Stelle findet er sich in Verbindung mit wichtigen werthvollen Steinen wie Saphir und Rubin.

23. Zirkon.

Zirkon wird von Säuren nicht angegriffen, nur Schwefelsäure zersetzt das feinste Pulver beim Erhitzen, obwohl langsam. Von

1) Cosmos 1899, 129.
2) Zeitschr. f. angew. Chemie **1900**, 792.

Borax wird Zirkon schwer zu einem klaren Glase aufgelöst; Phosphorsalz greift nicht merklich an; Soda löst ihn nicht auf. Beim Glühen wird der rothe Zirkon farblos oder gelblich. Von verschiedenen Forschern wurde beobachtet, dass der farbige Zirkon beim Erhitzen phosphorescirt. Sein Volum-Gewicht beträgt 4,0—4,7. Härte 7,5. Die Zusammensetzung ist aus folgenden Analysen ersichtlich:

	I Frederiksvärn (Wackernagel)	II Miask Ilmengebirg (Reuter)	III Buncumbe N.-Carolina (Chaudler)	IV Reading Pennsylvanien (Wetherill)	V Grenville Canada (Hunt)
Volum-Gew.	—	—	4,543	4,595	4,602
Kieselsäure	34,56	32,44	33,70	34,07	33,7
Zirkonoxyd	66,76	65,32	65,30	63,50	67,3
Eisenoxyd	Spur	1,91	0,67	2,02	—
Glühverlust	—	—	0,41	0,50	—
	101,32	99,67	100,08	100,09	101,0

Zirkon ist eines der längst bekannten Mineralien. In der Edelsteinbranche wird die rhomboidische Form Hyacinth genannt, während die gewöhnliche Krystallform prismatisch ist. Die schönsten Muster werden bei Ceylon gefunden; in Europa bei Lissabon und der französischen Stadt Puy.

24. Auerbachit.

Dieses Mineral verhält sich in chemischer Beziehung dem Zirkon ähnlich. Nach Hermann[1]) bildet es kleine Quadratoktaëder von brauner Farbe und vom Volum-Gewicht: 4,06, welche im Kieselschiefer im Kreise Marinpol, Gouvernement Jekaterinoslaw vorkommen.

Kieselsäure	42,91
Zirkonoxyd	55,18
Eisenoxydul	0,93
Wasser	0,95
	99,97

1) Journ. f. pr. Chemie **73**, 209.

25. Malakon.

Der Malakon ist auch ein Zirkon, dessen Volum-Gewicht 3,9—4,2 beträgt. Er verhält sich auch ähnlich wie Zirkon und ist als ein Hydrat desselben aufzufassen[1]).

Vorkommen	Hitteröe	Ilmengebirg	Nikalle b. Chantdoub Dept.Haute-Vienne	Rockport Massachusetts	Rosendal b. Bjöskboda
Untersucht von . . .	Scheerer	Hermann	Damour	Knowlson	Nordenskjöld
Volum-Gew.	—	3,91	4,047	3,85—3,97	—
Kieselsäure	31,31	31,87	31,05	26,18—26,48	24,33
Zirkonoxyd	63,40	59,82	61,44	60,0—64,6	57,42
Zinnsäure	—	—	—	0,35—0,7	0,61
Eisenoxyd	0,41	3,11	3,29	3,6	3,47
Manganoxydul . . .	—	1,20	0,14	—	—
Ytteroxyd	0,34	—	—	1,4—2,24	—
Uranoxydul	—	—	—	1,4—2,83	—
Kalk	0,39	—	0,08	—	3,93
Magnesia	0,11	—	—	—	—
Wasser	3,03	4,00	3,19	4,55—4,58	9,53
	98,99	100	99,19		99,29

26. Eudialyt.

Eudialyt gelatinirt mit Salzsäure; die Kieselsäure enthält jedoch stets Zirkonsäure. Er schmilzt vor dem Löthrohre leieht zu einem graugrünen, undurchsichtigen Glase[2]).

	Grönland		Norwegen		
	I	II	III	IV	V
	Rammelsberg	Damour	Scheerer	Damour	Nylander
Volum-Gew.	—	2,906	3,01	3,007	—
Tantalsäure	—	0,35	—	2,35	—
Kieselsäure	49,92	50,38	47,85	45,70	50,47
Zirkonsäure	16,88	15,60	14,05	14,22	14,26
Eisenoxydul	6,97	6,37	7,42	6,83	5,42
Manganoxydul . . .	1,15	1,61	1,94	2,35	3,67
Kalk	11,11	9,23	12,06	9,66	9,58
Natron	12,28	13,10	12,31	11,59	10,46
Kali	0,65	—	2,32	3,43	4,30
Glühverlust	0,37	1,25	0,94	1,83	1,57
Chlor	1,19	1,48	—	1,11	1,68
	100,52	99,37	99,55	99,07	101,41

1) Ann. Ch. Phys. **3**, 24. — Journ. f. pr. Ch. **53**, 32. — Pogg. Ann. **62**, 436; **122**, 615. — Am. J. Sc. (2) 44.

2) Compt. rend. **43**, 1147.

27. Katapleït.

Wird von Salzsäure unter Gallertbildung zersetzt und schmilzt vor dem Löthrohr leicht zu weissem Email. Krystalle hexagonal, jedoch meist derbes Vorkommen; Farbe: gelblichbraun, Härte: 6; Volum-Gew. 2,8.

	Lamö bei Brevig	
	Sjögren [1]	Rammelsberg
Kieselsäure . . .	46,67	39,78
Zirkonsäure . . .	29,57	40,12
Eisenoxydul . . .	0,56	—
Kalk	4,13	3,45
Natron	10,44	7,59
Wasser	8,95	9,24
Thonerde	0,45	—
	100,77	100,18

28. Wöhlerit.

Scheerer entdeckte den Wöhlerit von Langensundfjord bei Brevig und theilte eine Analyse mit. Seine Krystallform haben Dauber und Des Cloizeaux bestimmt. Er wird von Säuren unter Abscheidung von Kieselsäure und Niobsäure zersetzt und schmilzt vor dem Löthen zu gelblichen Glase.

	Scheerer [2]	Hermann [3]	Rammelsberg [4]
Niobsäure	14,47	11,58	14,41
Kieselsäure . . .	30,62	29,16	28,43
Zirkonoxyd . . .	15,17	12,72	19,63
Kalk	26,19	24,98	26,18
Magnesia	0,40	0,71	—
Eisenoxydul . . .	2,12	1,28	2,50
Manganoxydul . .	1,55	1,52	
Natron	7,78	7,63	7,78
Wasser	0,24	0,33	—
	98,54	99,91	98,93

1) Sjögren, Pogg. Ann. **79**, 300.
2) Pogg. Ann. **59**, 327; **72**, 561.
3) J. f. pr. Ch. **95**, 123.
4) Berl. Ak. Ber. **1871**, 587, 599.

29. Oerstedtit.

Die Form dieses Minerals ist die des Zirkons, stammt aus dem Augit von Arendal. Farbe: braun; Härte: 5; Volum-Gew.: 3,629. Seine Zusammensetzung ist nach Forchhammer[1]) folgende:

Titansäure } Zirkonoxyd }	68,96
Kieselsäure	19,71
Kalk	2,61
Magnesia	2,05
Eisenoxydul	1,13
Wasser	5,54
	100,00

1) Pogg. Ann. **35**, 630.

III. Theil.

A. Methoden zur Gewinnung bezw. Reindarstellung der seltenen Erden.

Litteratur: Graham Otto, Anorg. Chem. 5. Aufl., II, 2. — Berzelius, Lehrbuch Bd. 2, 5. Aufl. — J. pr. Chem. 30, 200, Mosander und Delafontaine. — Chem. Ztg. 1895, 1072, P. Waage. — Monatshefte f. Chem. 4, 630, Auer v. Welsbach. — Deutsch. Chem. Ges. Ber. 1879, 550; 1880, 1430, Nilson. — Ebenda 1879, 554; 1880, 1439, Nilson. — Ebenda 1896, 2412, Drossbach. — Ebenda 1898, 31 und 1829, Muthmann. — Monatshefte f. Chemie 5, 508. — Ebenda 6, 477, Auer v. Welsbach. — Chem. Ztg. 1895, 755, Verneuil und Wyrouboff. — Ebenda 1898, 406, 310, 40, Boudouard, Demarcay, Urbain. — Ebenda 1898, 271, Urbain. — Zeitschr. f. Chem. [2], 2, 230, Delafontaine. — N. Arch. ph. nat. 61, 273, von demselben. — J. f. prakt. Chem. 73, 200, Jegel. — Ebenda 30, 267, Mosander. — Ebenda 82, 385, Hermann. — Ann. Chem. Pharm. 131, 359, Popp. — Ebenda 105, 40, Bunsen. — Pogg. Ann. 119, 43, Chydenius. — Prakt. Übungen 111, Wöhler. — Deutsch. Chem. Ges. Ber. 7, 798, Frerichs. — Zeitschr. f. anorg. Chem. XIX, 1899, P. Mengel. — Chem. Ind. 1896, 19, O. N. Witt. — Chem. News 54, 27, Crookes. — Chem. Ztg. 1898, 62, Kosmann. — Ebenda 1898, 272, Brauner. — Ebenda 527, Brauner. — Ebenda 542, Urbain. — Ann. Chem. Pharm. 113, 127, Stromeyer. — Ebenda 131, 100, Delafontaine. — Pogg. Ann. 155, 366, 633, Bunsen. — Ebenda 158, 71, Hillebrand. — Kunisk undersökning af thorjord och thorsalter. Akad. Afh. Helsingfors 1861, Chydenius. — Deutsch. Chem. Ges. Ber. 1882, 2519 und 2537, Nilson. — Ebenda 1887, 1660, Krüss und Nilson. — J. pr. Chem. 58, 145, Berlin. — Ebenda 74, 471, Chancel. — Ebenda 83, 202, Marignac. — Ebenda 97, 330, Hermann. — Compt. rend. 94, 1528, Cleve. — Über d. Cergehalt der Thorsalze, O. N. Witt. — Glühkörper für Gasglühlicht, W. Gentsch, 1899. — Compt. rend. 101, 591; 102, 899; 126, 1861. — Ann. Chem. Pharm. 270, 382; 263, 113. — Deutsch. Chem. Ges. Ber. 23, 42; 32, 2659; 33, 1748. — Zeitschr. f. phys. Chemie 18, 529. — Zeitschr. f. anorg. Chemie 22, 393.

Solange die vollständige Trennung der Gadoliniterden (= Gemenge von Yttererde, Erbinerde, Terbinerde, etc.) in ihre Bestandtheile noch nicht geglückt war, konnten selbstverständlich die Eigenschaften, welche diesen Erden und ihren Verbindungen in reinem Zustande zukommen, nicht erkannt werden. Die Eigenschaften, welche man vor 1843 der Yttererde zuschrieb, kommen also dem Gemenge der drei Erden, wie es aus den Gadoliniterden erhalten wurde und in manchen Fällen auch einem beryllerdehaltigen Gemenge zu, da man auf die Untersuchungen von Berlin gestützt, in dem Gadolinit von Ytterby keine Beryllerde enthalten glaubte und deshalb auf deren Entfernung nicht bedacht nahm und da auch unbekannt war, was erst 1843 durch A. Rose nachgewiesen wurde, dass die Beryllerde sich nicht unter allen Umständen der Yttererde durch Kali entziehen lässt. Der Grund, weshalb das Gemengtsein der Gadoliniterde solange Zeit verborgen bleiben konnte, ist in der Thatsache zu suchen, dass die Erden, die die Gadoliniterde bilden, sich in den meisten Beziehungen ganz gleich verhalten. Aber auch die Angaben Mosander's beziehen sich nicht auf reine Yttererde, da Popp den Beweis lieferte, dass die reine Yttererde von Mosander noch unrein, weil kalk- und alkalihaltig gewesen sei. Erst bei diesem Forscher und nach ihm haben wir nach, an reinem Materiale abstrahirten Angaben über Yttererde und ihre Verbindungen zu suchen. Ebenso können die Angaben von Bahr und Bunsen über Erbinerde nicht der wirklichen, reinen Erbinerde entsprechen, da die von ihnen untersuchte Erde ein Gemisch vieler Erden war. Nur die neueren Angaben von Cleve beziehen sich auf die wirkliche, von allen bis jetzt bekannten Verunreinigungen befreite Erde.

Im folgenden werden wir uns zunächst mit den verschiedenen Methoden zur Gewinnung der Gadoliniterde aus dem Gadolinit zu beschäftigen haben.

Darstellung der Gadoliniterde aus dem Gadolinit[1]).

Man kocht das feingepulverte Mineral mit Königswasser, bis das Ungelöste farblos geworden ist, verdampft im Wasserbade zur

1) Berzelius, Lehrbuch Bd. II, 5. Aufl., S. 1771.

Trockne, um wie gewöhnlich die Kieselsäure unlöslich zu machen und zieht die trockne Masse mit Wasser aus. In die erhaltene Lösung tropft man oxalsaures Ammoniak, solange dadurch ein Niederschlag entsteht; dieser besteht aus oxalsaurer Gadoliniterde, oxalsauren Ceritoxyden, verunreinigt mit oxalsaurem Manganoxydul und einer Spur oxalsaurem Kalk; Beryllerde und Eisenoxyd bleiben in der Flüssigkeit, da deren oxalsaure Salze leicht löslich sind. Durch Glühen zerstört man die Oxalsäure in dem Niederschlage und löst die zurückbleibende Erde dann in wenig Salzsäure auf. Die erhaltene Auflösung verdünnt man mit einer gesättigten Lösung von Kaliumsulfat, die man in einiger Menge zugiebt, wodurch gewöhnlich ein weisser Niederschlag entsteht, dann legt man eine Kruste von Kaliumsulfat hinein, welche bis an die Oberfläche der Lösung reichen muss, damit die Lösung vollständig mit dem Salze gesättigt werde. Hierdurch werden Doppelsalze von schwefelsaurem Kali mit schwefelsauren Ceritoxyden ausgeschieden, welche zwar in Wasser löslich sind, sich aber in einer gesättigten Lösung von schwefelsaurem Kali nicht lösen. Man trennt die Doppelsalze durch Filtriren und wäscht sie mit einer Lösung von schwefelsaurem Kali aus. Die abgegangene Flüssigkeit wird nun entweder durch Aetzkalilösung oder durch eine solche von oxalsaurem Kali niedergeschlagen; im ersteren Falle erhält man ein gelatinöses Hydrat, das sich schwierig aussüssen lässt, im letzteren Falle ein schweres, leicht auszuwaschendes Doppelsalz von oxalsaurem Kali und oxalsaurer Gadoliniterde, aus welchem Wasser, nach dem Glühen Kaliumkarbonat löst, mit Zurücklassung einer Erde, welche nur noch Manganoxyd und Kalkerde enthält. Um diese zu entfernen, wird sie in Salpetersäure gelöst, die Lösung zur Trockne verdampft und das Salz geschmolzen, bis das Mangansalz durch die Hitze zersetzt ist. Man übergiesst es dann mit dem vier- bis fünffachen Volumen Wasser, wobei eine schwarze Masse ungelöst bleibt, und filtrirt. Das Filtrat ist frei von Mangan, aber das Ausgiesswasser wird manganhaltig, man muss dasselbe deshalb für sich sammeln. Die manganfreie Lösung vermischt man nun mit Ammoniak, rührt tüchtig durch, verdünnt mit Wasser und filtrit. Hydratische Gadoliniterde bleibt auf dem Filter, der Kalk bleibt grössentheils in der Flüssigkeit gelöst. — Die auf diesem Wege erhaltene Gadoliniterde ist noch nicht ganz rein; sie enthält kleine Mengen von Ceritoxyden nebst Kalk und Alkalien.

Bahr und Bunsen (l. c.) schlagen zur Gewinnung der Gadoliniterden folgendes Verfahren ein. Das Mineral wird mit Salzsäure zersetzt, nach der Abscheidung der Kieselsäure aus der Lösung durch Eindampfen u. s. w. die wiederum mit Salzsäure angesäuerte Lösung zum Sieden erhitzt und mit Oxalsäure gefällt. Der Niederschlag, welcher ausser den Oxalaten der Gadoliniterden und Ceriterden noch Kalksalz und sehr kleine Mengen von Mangansalz, sowie Kieselsäure enthält, durch Dekantiren ausgewaschen, die Oxalate hierauf in die Nitrate umgewandelt und aus der Lösung derselben durch schwefelsaures Kali die Ceritverbindungen als Doppelsalze abgeschieden. Aus dem Filtrat fällt man dann die Gadoliniterden, nach Berzelius Vorschrift, als Oxalate, führt diese durch Glühen in einem offnen Platintiegel in die Karbonate über und befreit den Rückstand von dem kohlensauren Kali, lössodann in Salpetersäure, fällt als Oxalat, führt wieder in die Karbonate über und prüft, ob noch das Absorptionsspektrum des Didyms vorhanden ist. Ist dies der Fall, so ist von neuem die Behandlung mit schwefelsaurem Kali einzuleiten, eventuell noch einmal zu wiederholen, bis die erhaltenen Erden frei von Didym sind. Schliesslich fällt man mit Ammoniak die Erden, löst den Niederschlag wieder in Salpetersäure und fällt die nun reinen Oxalate.

Auf diese Weise erhält man durch Ammoniakfällung das Hydrat der Gadoliniterden als voluminöse, durchscheinende Masse die sich leicht in Säuren, nicht in ätzenden Alkalien, aber in kohlensauren Alkalien löst.

Durch Glühen des Hydrats oder Oxalats wird die Erde erhalten; sie ist blassgelb, hat das spec. Gew. 4,842, wird von Säuren leicht gelöst, sie bildet mit Schwefelsäure und Salpetersäure leicht lösliche, mit Kohlensäure, Phosphorsäure und Oxalsäure unlösliche Salze.

Trennung der Gadoliniterden.

1. Zur Trennung der Gadoliniterden wandte Mosander eine fraktionirte Fällung mit Ammoniak an, wodurch Niederschläge von abweichendem Verhalten gewonnen werden. Die ersten Niederschläge geben eine tiefgelbe Erde, die zweiten geben eine hellere, röthliche und zuletzt resultirt eine weisse Erde, so dass durch Wiederauflösen der einzelnen Portionen für sich und abermaligem fraktionirten Fällen die Zerlegung der Gadoliniterden bis

zu einem gewissen Grade gelingt in ein dunkelgelbes Oxyd: das Erbinoxyd Mosander's, das Terbinoxyd Mosander's und die farblose Yttererde.

2. Mosander und Delafontaine[1]) haben auf ganz ähnliche Weise die Zerlegung der Gadoliniterden versucht mit oxalsaurem Kali und sind auch zu ganz ähnlichen Resultaten gelangt: die ersten Niederschläge gaben hauptsächlich Mosander's Erbinoxyd, die mittleren (die frühere) Terbinerde und die letzten Fällungen lieferten die Yttererde. Die Unvollkommenheit dieser Trennungsmethoden lieferten indessen keine reinen Erden, sondern noch mit Ceritverbindungen verunreinigte, wie erst Popp, später Bahr und Bunsen nachwiesen.

3. Die Trennungsmethode von Popp (l. c.) gründet sich auf dem Verhalten von Baryumcarbonat, wodurch schon bei gewöhnlicher Temperatur die Ceritverbindungen gefällt werden, während die Yttererden im Filtrat durch Schwefelsäure gefällt werden.

4. Bahr und Bunsen (l. c.) erhitzten die salpetersauren Salze bis zur theilweisen Zersetzung und behandelten sie danach mit Wasser, wodurch sich zuerst basisch salpetersaures Erbium, später salpetersaures Yttrium abscheidet.

5. Auer v. Welsbach[2]) trug die nach Bunsen's Methode aus den Rohmaterialien durch Rösten der Oxalate erhaltenen Oxyde in eine unzureichende Menge Salpetersäure ein, wodurch bewirkt wird, dass beim Erkalten eine reichliche Abscheidung der Erden der Yttriumgruppe entsteht.

6. P. Waage[3]) macht Mittheilung über Milchsäure und die im Gadolinit und Euxenit enthaltenen Erden.

Koncentrirte Lösungen von Erbinerde geben mit Milchsäure krystallinischen Niederschlag, der in Wasser schwer löslich ist, in verdünnter Lösung indess erst nach einiger Zeit entsteht; er enthält 31,7 % Oxyd und entspricht also der Formel $Er(C_3H_5O_3)_3$, ein normales Laktat.

Lösungen von Ceritoxyd sowie von Thoriumoxyd werden von Milchsäure nicht gefällt; die Milchsäure kann also zur Trennung der beiden Gruppen von Metallen dienen.

---

1) J. pr. Chem. **30**, 200.

2) Monatshefte f. Chemie **4**, 630.

3) Gesellschaft der Wissenschaften in Christiania, Sitzung v. 25. V. 1895. Nach Chem. Ztg. **1895**, 1072.

7. G. Paul Drossbach[1]) beschreibt in seiner Abhandlung: „Zur Chemie der Monazitbestandtheile“ die Trennung der hierhergehörigen Erden in folgender Weise:

Nachdem die durch Aufschliessen der Monazite mit Schwefelsäure und Auslaugen mit Wasser erhaltene Sulfatlauge vom Thorium durch Ausfraktioniren getrennt ist, werden durch einen grossen Ueberschuss koncentrirter Schwefelsäure die Sulfate des Cers, Lanthans und Didyms ausgeschieden, während die Sulfate der engeren Erbiumgruppe in Lösung bleiben. Durch theilweises Neutralisiren mit Soda bildet sich eine gesättigte Lösung von Glaubersalz, in welcher die Sulfate der Cerelemente völlig unlöslich sind und sich in Form von Doppelsalzen ausscheiden. Die schwefelsaure Lösung der Erbinelemente wird nun vortheilhaft behufs Trennung von Eisen und Phosphorsäure mit Oxalsäure gefällt.

Dieser didymfreie Oxalatniederschlag wird durch Behandeln mit Kalilauge (nicht Natronlauge) in Hydrat verwandelt, dieser in Salpetersäure gelöst und die salpetersaure Lösung mit Magnesia gefällt; diese filtrirte Lösung enthält alles Yttrium, wenn die Fällung zweimal wiederholt wird, der Niederschlag alles Ytterbium und Erbium und wahrscheinlich noch ein neues Oxyd. Fraktionirt man dieses Oxydgemenge entweder nach der ursprünglichen Auer'schen Methode oder nach dem später zu beschreibenden in dieser Abhandlung beim Lanthan erwähnten basischen Nitratverfahren, so lässt sich fast alles Ytterbium in den ersten Fraktionen ansammeln, weil Ytterbium nach Auer v. Welsbach bei diesem Verfahren vor dem Erbium gefällt wird. Alle diese ersten Fraktionen, soweit sie keine Spur einer Absorption zeigen, werden vereinigt. Dass es sich hier um Ytterbium handelt, kann vorläufig nur aus dem Atomgewicht geschlossen werden.

Die schön gelbroth gefärbte, erbinhaltige Lösung wird nun so lange mit Natronlauge (stark verdünnt und ganz allmälig) gefällt, bis die übersteigende Lösung keine Spur eines Absorptionsspektrums mehr zeigt. Das gut ausgewaschene Erbiumhydrat wird nun in Schwefelsäure gelöst und durch langsames Verdampfen das reine Sulfat in Form prachtvoll rosenrother Krystallkrusten gewonnen.

8. G. Urbain[2]) berichtet über eine neue Methode der Fraktionirung der Yttererde.

---

1) Ber. Deutsch. Chem. Ges. 7, **1896**, 2452.

2) Chem. Ztg. **1898**, 271. — Acad. des sciences, Sitzung v. 14. III. 1898.

Diejenigen Derivate, deren fraktionirte Krystallisation dem Verf. die besten Resultate gegeben haben, sind die Aethylsulfate. Sie werden leicht erhalten durch Doppelzersetzung der Yttersulfate und von Baryumäthylsulfat. Aus den mitgetheilten Spektralmessungen kann man nun schliessen, dass bei der Fraktionirung der Aethylsulfate die Yttererden sich in folgender Weise abscheiden: Yttrium, Terbium, Holmium, Dysprosium, Erbium, Ytterbium.

Terbinerde

von Delafontaine[1]) wurde aus dem Samarskit von Carolina und später von Marignac im Gadolinit und im Samarskit nachgewiesen. Sie wurde dadurch erhalten, dass die Lösung der Gadoliniterden partiell mit oxalsaurem Kali gefällt wurde, der erhaltene Niederschlag mit verdünnter Schwefelsäure (1 : 50) digerirt, bis ungefähr die Hälfte gelöst war, der krystallinische rosa Rückstand geglüht, ins Nitrat verwandelt und die Lösung durch Kaliumsulfat gefällt wurde. Das so erhaltene Doppelsalz wurde mit kalt gesättigter Lösung von Kaliumsulfat gewaschen, bis es kein Absorptionsspektrum mehr gab, also keine Didymverbindungen enthielt.

Die Terbinerde wurde später von demselben Forscher[2]) durch Fällung der salpetersauren Lösung mit Kaliumsulfatlösung erhalten. Nach Wiederholung dieses Vorganges wurden die Oxalate dargestellt und schliesslich die Schwerlöslichkeit des ameisensauren Salzes des Terbiums zu seiner Abscheidung benutzt, welches sich erst in 221 bis 421 Theilen Wasser löst und beim Einengen abscheidet, während ameisensaures Yttrium und Erbium erst aus syrupdicker Lösung krystallisiren.

Die wasserfreie Terbinerde ist nach Delafontaine dunkel orangegelb.

Das Atomgewicht des Terbiums wurde zu 148,5 bestimmt. Nach neueren Angaben von Lecoq de Boisbaudran[3]) ist das Atomgewicht 163,1 in der dunkelsten Terbinerde, 161,4 in der hellsten.

---

1) Zeitschr. Chem. [2] **2**, 230.
2) N. Arch. ph. nat. **61**, 273.
3) Compt. rend. **102**, 395.

Ytterbinerde

wurde von Marignac[1]) 1878 entdeckt und von Nilson[2]) genauer untersucht. Der Euxenit, welcher als Ausgangsmaterial diente, wurde mittels saurem Kalisulfat aufgeschlossen. Die wässerige Lösung wurde mit Ammoniak gefällt, der Niederschlag in Salpetersäure gelöst und mit Oxalsäure gefällt. Aus dem Oxalat wurde das Nitrat hergestellt und dieses bis zur beginnenden Zersetzung geglüht. Beim Lösen mit Wasser bleiben Thorerde, Cer, Uran und Eisen als basische Salze zurück. Durch oftmaliges wiederholtes Ueberführen in die Nitrate, partielles Zersetzen und Lösen des Reaktionsproduktes in Wasser wird schliesslich die Ytterbinerde erhalten, welche nicht das geringste Absorptionsspektrum mehr giebt. Das der Ytterbinerde zu Grunde liegende Ytterbium ist noch nicht dargestellt worden. Sein Atomgewicht ist zu 173 festgestellt.

Scandinerde

wurde von Nilson[3]) und Cleve[4]) hergestellt und zwar ebenfalls wie das Ytterbium aus dem Euxenit. Zuletzt bleiben diese beiden Erden allein übrig und es gelingt ihre Trennung durch die Eigenschaften des Scandiumnitrats durch Erhitzen viel leichter als Ytterbiumnitrat in unlösliches basisches Salz überzugehen und durch die des Scandiumsulfats mit Kaliumsulfat ein ganz unlösliches Salz zu geben, während Ytterbiumsulfat in Kaliumsulfat ohne Rückstand löslich ist. Diese Trennung ist so scharf, dass man aus einer Lösung von Ytterbium- und Scandium-Sulfat letzteres durch Kaliumsulfat quantitativ entfernen kann. Das Atomgewicht des Scandiums ist 44; es steht zwischen Bor und Yttrium im periodischen System an der Stelle, wo Mendelejeff das Ekabor vorausgesagt hatte. Sein Doppelatom ist sechswerthig. Die Scandinerde entspricht demnach der Yttererde.

Die Verbindungen resp. Salze des Ytterbiums und des Scandiums werden, soweit sie charakterisirt sind, in der Reihe der Verbindungen der seltenen Erden Erwähnung finden.

---

1) N. Arch. ph. nat. **64**, 97. — Compt. rend. **87**, 578.

2) Deutsch. Chem. Ges. Ber. **1879**, 550; **1880**, 1430. — Compt. rend. **88**, 642; **91**, 56.

3) Deutsch. Chem. Ges. Ber. **1879**, 554; **1880**, 1439. — Compt. rend. **88**, 645; **91**, 118.

4) Oefers af K. Swenska Vet. Akad. Förhandl. IX. 1879. — Compt. rend. **89**, 419.

Bei der Darstellung der Ytterbinerde ist die Thulinerde beobachtet worden.

Thulinerde

wurde von Cleve[1]) entdeckt. Dieselbe findet sich neben Erbinerde. Nilson[2]) fand diese Erde neben Ytterbinerde. Soret[3]) hat diese Erde näher studirt und sich von der Existenz des Thulinoxyds durch die Feststellung der Absorptionsstreifen in Roth in den ytterbiumreichen Produkten überzeugt. Die Thulinerde ist weiss und bildet farblose Salze, deren Lösungen zwei Absorptionsstreifen zeigen im Roth und im Blau, wodurch sie sich von der Ytterbinerde unterscheidet. Die Formel des Oxyds ist $Tm_2 O_3$.

Das Atomgewicht des Elements ist zu 170,7 festgestellt worden.

Eine ganz ähnliche Erde ist die ebenfalls von Cleve[4]) entdeckte

Holminerde.

Sie fand sich in den Fraktionen zwischen Ytterbinerde und Erbinerde und zeigt zwei Absorptionsstreifen im Orange und im Gelb.

Die Erde, deren Formel zu Ho_2O_3 angenommen wird, ist wahrscheinlich gelb.

Nach Cleve ist die Holminerde identisch mit dem von Soret[5]) als Element X bezeichneten Metalle, aber verschieden von dem Philippium Delafontaine's.

Von Delafontaine[6]) wurden zwei hierhergehörige Erden: die Philippinerde und die Decipinerde entdeckt.

Philippinerde

fand sich im Samarskit von Nord-Carolina und im Euxenit und zwar neben Terbinerde, von welcher sie sich jedoch durch die grössere Löslichkeit des Natriumsulfatdoppelsalzes in einer koncentrirten Lösung von Natriumsulfat unterscheidet.

---

1) Compt. rend. **89**, 478.
2) Deutsch. Chem. Ges. Ber. **1880**, 1433.
3) Compt. rend. **89**, 251.
4) Compt. rend. **89**, 478; **91**, 328.
5) Compt. rend. **89**, 521.
6) Compt. rend. **87**, 559, 632. — Chem. News **38**, 223. — Arch. ph. nat. [3] **3**, 250.

Die Salze sind farblos.

Das Formiat ist weniger löslich als das entsprechende Yttriumsalz.

Das Oxalat ist in Salpetersäure weniger löslich als das entsprechende Yttriumsalz, aber löslicher als das betr. Terbiumsalz.

Das Nitrat bildet eine tiefgelbe Lösung, während die Nitrate von Ytterbium und Terbium farblose Lösungen geben.

Die Philippinerde ist weiss.

Das Atomgewicht des Philippiums ist nach Delafontaine 123 und 126.

Roscoe[1]) fand, dass ein Gemisch von Terbium- und Yttrium-Formiat ebenso krystallisirt wie Philippium-Formiat und bezweifelt die Existenz dieser Erde.

Decipinerde

wurde ebenfalls von Delafontaine entdeckt; sie fand sich ebenfalls im Samarskit von Nord-Carolina und auch im Sipylit von Amhorst (Virginia), ein Mineral, im ganzen dem Fergusonit gleich, dessen Zusammensetzung[2]) aus folgender Analyse ersichtlich ist:

Zirkonoxyd	2,09
Wolframsäure	0,16
Zinnsäure	0,08
Tantalsäure	2,00
Niobsäure	46,66
Urandioxyd	3,47
Erbinerde	26,94
Yttererde	1,00
Ceroxyd	1,37
Lanthan-Didymoxyd	7,98
Eisenoxydul	2,04
Kalk	3,28
Wasser	3,19
	100,26.

Der Sipylit ist viergliedrig, derb, braunschwarz, vom Volumgewicht 4,89, verglimmt und wird grüngelb. Untersucht ist derselbe von Mallet[3]).

---

1) Deutsch. Chem. Ges. **1882**, 1274. — Chem. Soc. J. **41**, 277. — Monit. scientif. [3] **13**, 246.

2) Rammelsberg, Mineralchemie, II. Aufl. (Ergänzungsheft).

3) Am. J. Sc. (3), **15**, 397.

Die Decipinsalze finden sich in den, in einer gesättigten Kaliumsulfatlösung unlöslichen Doppelsulfaten (Unterschied von Terbinsalzen) und erfolgt die Trennung derselben von Didymsalzen durch Zusatz von 50—60% Alkohol, wobei sich neutrales Decipiumsulfat ausscheidet (zu grosser Alkoholzusatz ist zu vermeiden!). Die Salze sind farblos. — Sie unterscheiden sich von den Salzen des Yttriums, Ytterbiums, Erbiums und Philippiums durch die geringere Löslichkeit des Formiats in Wasser und durch die geringere Löslichkeit des Doppelsalzes mit Kaliumsulfat in einer gesättigten Kaliumsulfatlösung.

Von den Thorsalzen und den Cersalzen unterscheiden sich die Decipinsalze durch die leichte Löslichkeit des Oxyds in verdünnten Säuren. Im allgemeinen sind überhaupt die Decipinsalze besser charakterisirt als die Philippinsalze. Wir werden auf die Besprechung einiger bekannter Verbindungen des Decipiums weiter unten noch zurückkommen.

Das Atomgewicht des Decipiums ist von Delafontaine zu 171 bestimmt worden. Auch ist noch zu bemerken, dass die Decipinsalze keine Absorptionsstreifen zeigen.

Samarium.

Ebenfalls im Samarskit von Nord-Carolina wurde das Samarium entdeckt von Lecoq de Boisbaudran[1]). Delafontaine[2]) hat dieses neue Element ebenfalls beobachtet. Es ist durch ein Emissionsspektrum und Absorptionsspektrum ausgezeichnet, welche beide keinem der bis jetzt bekannten Elemente gehören. Diese Spektren sind von Lecoq de Boisbaudran zuerst beobachtet worden.

Das Samarium zeigt nach W. Crookes[3]) ein sehr charakteristisches Phosphorescenzspectrum, das aus drei breiten Bändern: einem rothen, einem orangefarbenen und einem grünen besteht, welche fast gleich weit von einander abstehen und von denen das mittelste das hellste ist, jedoch nur, wenn man es mit etwas Kalk zusammenbringt. Reines Samariumsulfat giebt für sich selbst ein sehr schwaches Spektrum.

Von Cleve[4]) ist das Samarium und seine Salze näher unter-

1) Compt. rend. **88**, 322; **89**, 212.
2) Compt. rend. **93**, 63. — Chem. News. **44**, 67.
3) Chem. News **28**, 40; **54**, 13.
4) Compt. rend. **94**, 97. — Chem. Soc. J. **43**, 362. — Chem. News **48**, 74.

sucht worden. Die letzteren sind zum Theil wohl charakterisirt, so dass die beträchtliche Reihe der bis jetzt bekannten Verbindungen dieses Elementes weiter unten näher beschrieben werden wird. Er stellte es aus einem Didymoxyd dar, durch fraktionirte Fällungen mit Ammoniak (Trennung von Didymoxyd) und durch ebensolche mittels Kaliumsulfat (Trennung von der Terbinerde).

Das Atomgewicht des Samariums ist zu 150,02 bestimmt worden.

Y α und Y β.

Gleichfalls im Samarskit vorkommend, hat Marignac zwei weitere Erden beschrieben: Y α und Y β.

Y α, dessen Atomgewicht wahrscheinlich 156,75 angenommen ist, hat ein orangegelbes Oxyd und zeigt keine Absorptionsstreifen.

Y β, vielleicht identisch mit der samariumhaltigen Decipinerde Delafontaines, hat ein schwach lachsfarbenes Oxyd. — Die Erde ist leicht löslich in Säuren und giebt hellgelbe Lösungen. Das Sulfat: $(Y\beta)_2\ (SO_4)_3 + 8$ aq.

Das Atomgewicht ist zu 149,4 angenommen worden. Die Lösungen der Salze zeigen mehrere Absorptionsstreifen von grosser Intensität.

Behandlung des Cerits.

Die Aufschliessung der Ceritoxyde.

1. Methode nach Bunsen. Cerit wird mit concentrirter Salzsäure und etwas Salpetersäure erhitzt. Nachdem die Kieselsäure abgeschieden ist, die Metalle der Schwefelwasserstoffgruppe gefällt sind, das reducirte Eisenoxydul wieder oxydirt ist, wird letzteres wieder in Oxyd übergeführt und als bernsteinsaures resp. benzoesaures Salz gefällt; aus dem Filtrate können mit Ammoniak die Hydrate der Ceritoxyde niedergeschlagen werden. Durch nochmaliges Lösen in Salzsäure und Fällen mit Ammoniak werden die letzten Spuren Kalk entfernt. Der so erhaltene Niederschlag hinterlässt beim Glühen an der Luft die reinen Ceritoxyde. — Fällt man aus der von Kieselsäure befreiten, eisenhaltigen Flüssigkeit Eisen und die Ceritoxyde zusammen, so kann man sie leicht durch Ueberführung in die Oxalate trennen und das entstandene

unlösliche Oxalat der Ceritoxyde durch Glühen in die reinen Ceritoxyde verwandeln.

2. Eine vollständige Aufschliessung wird nach Marx durch concentrirte Schwefelsäure bewirkt. Nach dem Erhitzen des Reaktionsproduktes zersetzt sich das Eisensulfat, während die schwefelsauren Ceritoxyde intakt bleiben. Nach Entfernung der Kieselsäure und der Schwefelwasserstoffmetalle scheiden sich in der Siedehitze die Sulfate der Ceriterden in Krystallform ab, welche durch Waschen mit kochendem Wasser, in dem sie so gut wie unlöslich sind, gereinigt werden. Aus der Mutterlauge können noch die Oxalate der Ceritoxyde gewonnen werden. Die Auslaugung des Schwefelsäure-Reaktionsgemisches hat auf kalte Weise zu geschehen, wegen der Eigenschaften der Salze der Ceriterden, bei höherer Temperatur in schwerlösliche wasserärmere Salze überzugehen.

3. Nach der Methode von Jegel[1]) lassen sich aus der ursprünglichen eisenhaltigen Lösung, welche von den Metallen der Schwefelwasserstoffgruppe befreit wurde, mittels Oxalsäure die Oxalate der Ceritoxyde eisenfrei fällen und durch Glühen in die Oxyde überführen.

4. Die Methode von Wöhler[2]) beruht auf der Eigenschaft der Ceritoxyde, mit schwefelsaurem Kali schwefelsaure Kali-Doppelsalze zu geben. Aus der durch Schwefelsäure erhaltenen Lösung werden durch gesättigte Kaliumsulfatlösung: Kaliumsulfatdoppelsalze gefällt, welche indessen zweckmässig, da Eisen als basisches Doppelsulfat mit ausfällt, zur Zersetzung des letzteren geglüht werden. Nach dem Auslaugen erhält man dann eisenfreie Lösung.

Das so erhaltene Ceritoxyd stellt ein zimmtbraunes oder ziegelrothes Pulver dar, welches Didymoxyd (Di_2O_3) und Lanthanoxyd (La_2O_3), Cer theils als Sesquioxyd (Ce_2O_3), theils als Dioxyd (CeO_2) enthält.

5. Von den Methoden, welche die Trennung der Ceriterden bezwecken, ist die von Mosander[3]) die älteste. Dieselbe besteht im folgenden: Durch Salpetersäure wurden aus den Oxyden die Nitrate erhalten; diese wurden nochmals geglüht und darauf mit verdünnter Salpetersäure behandelt: es lösten sich Lanthanoxyd und Didymoxyd, während Ceriumdioxyd sich kaum löste. Da indessen

---

1) J. pr. Chem. **73**, 200.

2) Prakt. Uebungen, S. 111.

3) Berzelius, Lehrbuch 1862, 2, 416.

beim Glühen von Ceronitrat nicht reines Dioxyd, sondern ein Gemenge von diesem mit Sesquioxyd entsteht, welch letzteres in verdünnter Salpetersäure löslich ist, so schlug Mosander[1]) nach der Entdeckung des Didyms vor, durch Chlor alles Sesquioxyd zu Cerdioxyd zu oxydiren, um so eine vollständige Trennung herbeizuführen. Das Verfahren gestaltete sich nun wie folgt:

Aus der Auflösung der Ceritoxyde in Schwefelsäure wurden mit Kalilauge die Hydrate gefällt und in Wasser suspendirt und in diese Flüssigkeit Chlor hineingeleitet. Dadurch entstehen Chlorüre, oder Hypochlorite des Lanthans und Didyms, welche gelöst bleiben, während Cerdioxyd als schweres, orangegelbes Pulver ausfällt. Man kann eventuell diese Operation wiederholen und erhält so nach dem Auswaschen und Glühen ein völlig reines Präparat.

6. Das Verfahren von Popp[2]). Das von Popp angewandte Verfahren, um eine Trennung des Cers vom Lanthan und Didym herbeizuführen beruht auf demselben Princip, wie das Chlorverfahren von Mosander. Popp gestaltete die Trennung noch einfacher, indem er die neutrale Lösung der Ceritoxyde mit einem Ueberschuss von Hypochlorit versetzt und kocht, wodurch das Cer frei von Lanthan und Didym ausfällt.

7. Nach der Methode von Bunsen[3]), welche auf der Eigenschaft des Cersesquioxyds, beim Glühen an der Luft mit Magnesia sich in Dioxyd zu verwandeln, beruht, während Lanthanoxyd und Didymoxyd nicht höher oxydirt werden, erhält man ebenfalls reines Cersalz, obschon von Zschiesche[4]) angegeben wurde, dass auch nach dieser Methode nicht alles Cer in Dioxyd verwandelt, sondern ein Theil als Ceronitrat sich bei dem Lanthan- und Didym- und Magnesiumsalz findet.

Trennung des Lanthans und Didyms.

8. Auf der ungleichen Löslichkeit der Oxalate, Nitrate und Sulfate beruhen die Methoden, die zur Trennung des Lanthans und Didyms in der cerfreien Lösung dienen.

Es werden[5]) zunächst mittels Ammoniak die magnesiafreien Hydrate des Lanthans und Didyms gefällt und diese in die wasser-

---

1) J. pr. Chem. **30**, 267.

2) Ann. Chem. Pharm. **131**, 359.

3) Ann. Chem. Pharm. **105**, 40.

4) J. pr. Chem. **107**, 65.

5) Hermann, J. pr. Chem. **82**, 385.

freien Sulfate übergeführt. Diese lösen sich in Wasser von 9° C.; bei schwachem Erwärmen scheidet sich zuerst Lanthansulfat, bei freiwilligem Verdunsten Didymsulfat aus. Da das zuerst ausgeschiedene Lanthansulfat noch Didymsulfat enthält, wird dieses wiederholt entwässert und die Operation wiederholt. Aus dem Filtrat krystallisirt Didymsulfat, welches noch Lanthansulfat enthält. Beim Behandeln mit kaltem Wasser löst sich vorzugsweise Didymsulfat, während Lanthansulfat, welches im krystallisirten Zustande sehr schwer und langsam von einer concentrirten Lösung von Didymsulfat gelöst wird, grösstentheils ungelöst bleibt. Die Didymsulfatlösung wird zur Trockne verdampft und wieder mit kaltem Wasser behandelt und wird diese Operation so oft wiederholt, als sich noch dabei Lanthansulfat abscheidet. Man erzielt schliesslich reines Lanthansulfat und reines Didymsulfat.

Die vollständige Reinigung geschieht folgendermassen: Hat man unreines Lanthansulfat, so fällt durch Zusatz desjenigen Niederschlages, der mit Ammoniak aus einem Theil der ursprünglichen Lösung erhalten wurde, Didymsulfat aus und zwar vollständig; in der Lösung hat man noch reines Lanthansulfat, das man durch Verdunsten der Lösung krystallisiren kann.

9. Eine Trennungsmethode von Bunsen und Zschiesche beruht auf partieller Ausfällung der beiden Erden mit Oxalsäure.

10. Nach Damour und Deville[1]) werden die Nitrate durch Erhitzen auf 400—500° partiell zersetzt, wobei das Didym ein unlösliches basisches Nitrat bildet, während Lanthan und noch etwas Didym in Lösung gehen. Nach Cleve erhält man erst nach 12 bis 14maliger Wiederholung eine ziemlich didymfreie Lösung von Lanthannitrat.

11. Die Eigenschaft des Didymchlorids, Lanthanoxychlorid in Lanthanchlorid zu verwandeln benutzt Frerich's[2]) als Trennungsmethode. Beim Erhitzen der Oxyde in Chlor entstehen die Oxychloride des Lanthans und Didyms. Mit Wasser entsteht aus Didymoxychlorid: Didymoxyd und Didymchlorid; letzteres verwandelt dann das Lanthanoxychlorid in Lanthanchlorid, wobei Didymoxyd hinterbleibt.

12. Die Trennungsmethode des Cers, Lanthans und Didyms von Auer von Welsbach[3]).

---

1) Bull. soc. chim. [2] **2**, 339.

2) Deutsch. Chem. Ges. Ber. **1874**, 798.

3) Monatshefte f. Chem. **5**, 508.

Diese Methode beruht darauf, dass das Cer als basisches Nitrat leicht ausfällt und in der Lösung der Nitrate von Lanthan und Didym nicht löslich ist. Hat man aus den Oxalaten die Erden erhalten, so werden sie in der Wärme mit verdünnter Salpetersäure längere Zeit behandelt, wobei fast alles Cer in den Niederschlag übergeht. Zur Trennung der in Lösung befindlichen Lanthan- und Didymsalze, welche darauf beruht, dass das Didymnitrat leichter überbasisches Salz liefert als das Lanthannitrat, muss zunächst auf Cer geprüft werden, was in der Weise stattfindet, dass man einen Theil der Lösung abdampft, sorgfältig erhitzt, bis Dämpfe von salpetriger Säure sichtbar werden, dann erkalten lässt, in Wasser löst und zum Sieden erhitzt. Wenn bei anhaltendem Kochen kein Niederschlag entsteht, so war kein Cer vorhanden. Wenn noch erhebliche Mengen sich vorfinden, so wird ein Theil der Nitratlösung mit Oxalsäure gefällt, der entstehende Niederschlag geglüht und das so erhaltene, mit Wasser angerührte Oxyd dem anderen Theile der Nitratlösung zugesetzt in solcher Menge, dass alles Cer ausgefällt wird. Zur Trennung der Lanthan- und Didymsalze fällt man die Oxalate mit verdünnter Oxalsäurelösung, glüht und löst die Hälfte der Oxyde in verdünnter Salpetersäure, so dass eine noch schwach saure Lösung entsteht und setzt hierauf unter Umrühren die andere Hälfte der Oxyde hinzu. Nach dem Erkalten zieht man mit Wasser aus. In dem Rückstande findet man fast das ganze Didym. Mit dem Rückstande wie mit der Lösung wird das angegebene Verfahren wiederholt. Man erhält auf diesem Wege gut die Hälfte von dem im ursprünglichen Gemenge enthalten gewesenen Didym und Lanthan fast rein und getrennt von einander.

13. Die Gewinnung des Cers aus einem Gemisch von Cer, Lanthan, Didym, gleichviel in welchem Verhältniss, beschreiben Verneuil und Wyrouboff[1]).

Die Grundlage bildet das Verhalten des salpetersauren Ceroxyduloxyds, sich in Gegenwart von Ammoniumnitrat in Säure und Oxyd zu dissociiren, welch letzteres in einer Lösung von Ammoniumnitrat vollkommen unlöslich ist. Zur Ausführung der Operation, löst man das Gemisch von Cer-, Lanthan- und Didymoxyd, wie es durch Calciniren der Oxalate erhalten wird, in concentrirter Salpetersäure, verdampft zur Syrupkonsistenz, fügt Ammoniumnitrat hinzu (soviel als das Gewicht der ursprünglichen Oxyde betrug),

---

1) Chem. Ztg. **1898**, 755. — Soc. chim. Paris 6. III. 1898.

setzt die zwanzigfache Menge Wasser zu und erhitzt zum Sieden. Es entsteht ein gelbgefärbter Niederschlag, welcher filtrirt, mit 5⁰/₀iger Ammoniumnitratlösung ausgewaschen wird und dann frei von Didymsalzen ist. Nach dem Glühen stellt er reines Ce_3O_4 dar. Es lässt sich indessen nicht alles Cer so ausziehen, da die Salpetersäure das Ceroxyduloxyd $CeO_2 2CeO$ in der Weise verändert, dass ein Oxyd mit einem geringeren Sauerstoffgehalt gebildet wird, dessen Formel: $(CeO_2) 2CeO + nCeO$ geschrieben werden kann. Durch Wasser und Ammoniumnitrat entsteht dann $CeO_2 2CeO$, welches sich abscheidet und nCeO, welches in Lösung bleibt.

P. Mengel[1]) bemerkt zu den Trennungen des Cers, Lanthans und Didyms und quantitative Bestimmung des Cers folgendes:

Fast alle Methoden der Abscheidung des Cers von anderen Erden der Cergruppe beruhen auf der Ueberführung des Cers in Cerdioxyd und dessen Abscheidung als schwerlösliches basisches Salz oder als Doppelsalz. Mengel wies bei dieser Gelegenheit unzweifelhaft nach, dass Ceroxalat, auch wenn Gemische vorliegen, in Cerdioxyd übergeht, ein Verhalten, welches bei der leichten Oxydirbarkeit des Cersesquioxyds vollkommen begreiflich ist.

Muthmann[2]) hat nachgewiesen, dass es überhaupt unmöglich ist, aus reinem Cerocarbonat oder Oxalat durch Glühen — sogar im Wasserstoffstrom — das Cersesquioxyd zu erhalten; regelmässig resultirt Cerdioxyd, welches durch Wasserstoff nicht reducirt wird.

Mengel bemerkt sodann zur Auer von Welsbach'schen Methode welche auf der Abscheidung des Cers als Cerammoniumnitrat beruht, dass dies am besten gelingt, wenn man die stark salpetersaure Lösung soweit eindampft, bis die anfangs dunkelrothe Lösung hellgelb wird, während dessen das gewünschte rothe Salz in reichlicher Menge sich abscheidet. Diese Methode habe folgende Mängel:

a) Die Reduktion beim Lösen in Salpetersäure vermindert die Ausbeute.

b) Die Unlöslichkeit der Oxyde in Salpetersäure, wenn das Gemisch derselben mehr als ca. 45⁰/₀ Cerdioxyd enthält. In diesem Falle müssen dann die Oxyde mit concentrirter Schwefelsäure ab-

---

1) Zeitschr. f. anorg. Chemie XIX, 1899.

2) Ber. Deutsch. Chem. Ges. **1898**, 31, 1829.

geraucht werden, das Sulfat wird in Wasser gelöst und mit einer Lösung von Lanthan- oder Didymsalz versetzt, wodurch der Procentgehalt an Ceroxyd herabgedrückt wird und schliesslich muss von neuem die Operation wiederholt werden, was natürlich umständlich und zeitraubend ist.

Cleve hat vor längerer Zeit die Mosander'sche Reindarstellung des Cers empfohlen.

Mengel hebt zu dieser Methode hervor, dass das Cerdioxyd hartnäckig Lanthan und Didym zurückhält und dass ein mehrmaliges Wiederholen des Verfahrens erforderlich ist, wenn man allein reines Cersalz erhalten will.

14. O. N. Witt[1]) hat daher die Mosander'sche Methode mit der Auer'schen kombinirt, indem er das Cerdioxydhydrat von den letzten Spuren des Lanthans und Didyms durch Auflösen desselben in starker Salpetersäure und Abscheidung als Ammoniumdoppelsalz befreit. Diese Methode giebt auch dann gute Resultate, wenn man cerfreies Lanthan- und Didymsalz erhalten will. Schon nach einmaligem Behandeln mit Chlor erhält man ein Gemisch dieser Lösung, welches keine Spur enthält. Da indessen eine Einwirkung des Chlors von mindestens 15 Stunden nöthig ist, um zu befriedigenden Resultaten zu gelangen, wird das Natriumsuperoxyd als Oxydationsmittel empfohlen zur Ueberführung des Cers in die höhere Oxydationsstufe.

Die Lösung des Ceroxydulsalzes wird bei Zimmertemperatur langsam und unter Umrühren mit einer Lösung von Natriumsuperoxyd in Eiswasser gefällt. Der rothbraune, fast eisenoxydfarbene Niederschlag wird durch Dekantation ausgewaschen und abgesaugt und bei 120—130^0 getrocknet, wobei die rothbraune Farbe in hellbraun bis gelb übergeht. Der getrocknete Niederschlag wird alsdann in kleinen Stückchen in starker Salpetersäure gelöst, wobei man Kohlensäure-Entwicklung, aber keine Sauerstoffentwicklung beobachtet, was daher kommen mag, dass das Cerdioxydhydrat sich leichter und unter geringerer Wärmeentwicklung in Salpetersäure löst als das wasserfreie Dioxyd und bei dieser niedrigen Temperatur seinen Sauerstoff nicht abgiebt. Die Abscheidung des Cers geschieht hierauf als Ammoniumdoppelsalz in bekannter Weise.

Der Vortheil dieses Verfahrens vor dem Auer'schen besteht darin, dass es bei jedem beliebigen Procentgehalt an Cer-

---

[1]) Chem. Ind. **1896**, 11.

oxyd ausführbar ist und vor dem Mosander'schen darin, dass das Natriumsuperoxyd ein viel bequemeres und rascher zum Ziel führendes Oxydationsmittel ist als das Chlor. Durch weitere quantitative Versuche stellt Mengel fest:

a) Von allen bis jetzt angewandten Oxydationsmitteln für die Trennung und Reindarstellung des Cers erweist sich das Natriumsuperoxyd als das bequemste. Diese Methode ist in allen Fällen anwendbar und liefert die grösste Ausbeute.

b) Durch starkes Glühen der Oxalate der Ceriterden bei Luftzutritt wird nicht nur das Cer vollständig zu Cerdioxyd oxydirt, sondern es entsteht auch Praseodymsuperoxyd, welches die braune Färbung des Oxydgemisches bedingt.

c) Ein Gemisch von Lanthan- und Didymoxyd nimmt bei 400—500^0 unter Braunfärbung Sauerstoff auf und giebt letzteren bei Weissgluth wieder ab, indem es dabei eine graue Farbe annimmt; ist Cer dabei, tritt letzteres nicht ein, was auf eine in der Hitze beständige Verbindung zwischen Ceroxyd und Praseodymsuperoxyd hinweist.

d) Auf Grund der beiden vorstehenden Thatsachen sind die oxydimetrischen Methoden für die quantitative Bestimmung des Cers in den Ceriterden, wenn die Oxyde an der Luft geglüht wurden, nicht anwendbar und liefern nur dann annähernde Werthe, wenn nicht viel Praseodym zugegen, welche Bedingung in der Praxis meist erfüllt ist.

15. G. Paul Drossbach[1]) beschreibt unter: „Zur Chemie der Monazitbestandtheile" die Verarbeitungsmethoden, die wir ausführlich beim Thorium wiedergeben werden, auch die Trennung der Ceritoxyde.

Die durch Aufschliessen des feinstgemahlenen Monazits mit Schwefelsäure und Auslaugen mit Wasser erhaltene Sulfatlauge, wurde nach dem Ausfraktioniren des schwach basischen Thoriums sofort mit einem grossen Ueberschuss concentrirter Schwefelsäure versetzt, wodurch sich die in verdünnter Schwefelsäure schwer löslichen Sulfate des Cers, Didyms und Lanthans ausschieden. Des weiteren findet die völlige Abscheidung dieser Erden durch theilweises Neutralisiren mit Soda statt, wodurch sich eine gesättigte Glaubersalzlösung bildet, in welcher die Sulfate der Cerelemente

1) Ber. Deutsch. Chem. Ges. **1896**, 2412.

völlig unlöslich sind und sich in Form von Doppelsalzen ausscheiden.

Das zur Trennung des Cers von Lanthan und Didym angewandte Verfahren beruhte darauf, dass Cersesquioxyd als Hydrat oder in stets neutral gehaltener Lösung durch Permanganat nach folgender Gleichung oxydirt wird:

$$3\,Ce_2O_3 + 2\,KMnO_4 + H_2O = 6\,CeO_2 + 2\,HKO + 2\,MnO_2$$

Wenigstens entsprechen die mit reinen Cerverbindungen vorgenommenen Versuche am besten dieser Gleichung. Bei Gegenwart grosser Mengen freien fixen Alkalis und Abwesenheit von Ammoniumsalzen kann sich jedoch auch mangansaures Alkali bilden (die Oxydation des Cers in seinen Lösungen mittels Wasserstoffsuperoxyd wollte nicht gelingen; vielmehr werden die rothen Cerdioxydsalze durch Wasserstoffsuperoxyd unter Sauerstoffentwicklung entfärbt.) [Cf. Volumetrische Bestimmung des Cers von André Job.] Die so entfärbten Lösungen färben sich mit Aethylalkohol merkwürdiger Weise blutroth. Praktisch gestaltete sich das Verfahren so, dass in einem aliquoten Theile der Lösung mittels Ammoniak das Oxydgemenge gefällt und mit Chamäleonlösung das Cer titrirt wird. Man setzt dann zur Hauptmasse einen kleinen Ueberschuss von Kaliumpermanganat und die berechnete Menge Alkali, wobei das Cer quantitativ niederfällt, mit ihm jedoch eine Didymkomponente. Durch wenig verdünnte Salpetersäure lässt sich die Hauptmenge des Didyms, durch stärkere Säure hierauf das Cer unter Zurücklassung von Mangansuperoxyd ausziehen. Die Cerdioxydlösung wird nach Auer mit Ammoniumnitrat versetzt und das leicht krystallisirbare Doppelsalz durch Eindampfen gewonnen. Behufs Trennung des Lanthans vom Didym wandte Drossbach die fraktionirte Fällung der Nitratlösungen mit Natronlauge an, wodurch er auf einfachere Weise als nach dem Auer'schen Oxydverfahren sowohl als nach dem früher vorgeschlagenen Ammoniakverfahren zum Ziele gelangte und gleich gute Resultate erhielt. Man setzt danach zur gemeinschaftlichen Lösung solang Natronlauge, bis die überstehende Lanthanlösung frei von jedem Absorptionsspektrum ist. Die Lösung enthält dann die Hauptmenge des Lanthans didymfrei. Der Hauptniederschlag seinerseits giebt beim Digeriren mit roher Didymlauge alles Lanthan allmälig an diese ab; die lanthanhaltige Didymlauge wird einer späteren Partie zugesetzt.

Betreffend die

weitere Zerlegung des Didyms

ist zu erwähnen, dass es Auer von Welsbach gelungen ist[1]), das Didym in zwei neue Elemente, das Praseodidym oder kürzer Praseodym (Pr = 143,6) und das Neodidym (oder kürzer Neodym (Nd = 140,8) zu zerlegen.

Das angewandte Trennungsverfahren besteht in der mehrhundertfach vorgenommenen fraktionirten Krystallisation der Lanthan- und Didymammoniumdoppelnitrate in stark salpetersaurer Lösung, wobei sich zunächst Lanthan abscheidet und dann das Didym zerlegt wird. Zuletzt werden die nur noch schwach krystallisirenden Ammoniumdoppelsalze in die entsprechenden Natrium- oder Natrium-Ammoniumverbindungen übergeführt und diese weiter umkrystallisirt. Die beiden Elemente haben charakteristische Absorptionsspektren, die zusammen das Absorptionsspektrum des Didyms ausmachen. Das dem Didym eigenthümliche Emissionsspektrum gehört einem einzigen Körper an, dessen sämmtliche intensive Absorptionstreifen mit den Bändern der glühenden Erde zusammenfallen. Die Funkenspektren der neuen Elemente sind Theile des Didymfunkenspektrums. Das Praseodidym steht dem Lanthan am nächsten und bildet rein und intensiv lauchgrüne Verbindungen.

Das Neodidym, welches den Hauptbestandtheil des alten Didym ausmacht, liefert weinrosa oder amethystfarbene Verbindungen.

Ersteres bildet ein dunkel- fast schwarzbraunes, letzteres ein blaues Oxyd (R_2O_3). Das Praseodym liefert ausserdem ein Superoxyd (R_4O_7).

Weiter ist zu bemerken, dass W. Crookes[2]) nicht die von Auer v. Welsbach aus dem alten Didym abgeschiedenen neuen Elemente: Neodym und Praseodym erhalten konnte, und er vielmehr der Ansicht ist, dass die beiden von Auer dargestellten Erden nicht als wirkliche Elemente zu betrachten seien, sondern dass sie zwei Gruppen von Molekülen darstellen, in welche das komplexe Molekül des Didyms bei einer besonderen Fraktionsmethode gespalten wird. Durch eine andere Fällungsmethode gelangte Crookes wieder zu anderen Spaltungsprodukten.

Weitere diese Materie betreffende Beobachtungen sind:

---

1) Monatshefte f. Chemie **6**, 477. — Ber. Deutsch. Chem. Ges. **1887**, 2134.

2) Chem. News **54**, 27.

1. Boudouard[1]) hat im Laufe seiner Untersuchungen über die Yttererden eine gewisse Menge Neodymsulfat erhalten, dessen Absorptionsspektrum in Lösungen identisch ist mit demjenigen, welches Auer v. Welsbach beschrieben hat. Da das Neodym ein weit löslicheres Doppelkaliumsulfat giebt als das Praseodym, könnte darauf vielleicht ein schnelleres Trennungsverfahren als dasjenige der fraktionirten Krystallisationen der Nitrate gegründet werden. Hierzu theilt Urbain[2]) mit, dass er analoge Resultate erhalten habe, als er das bei den ersten Fraktionirungen der Yttriumäthylsulfate aus Monazitsand mitgerissene Didym durch Kaliumsulfat von der Yttererde trennte. Beim Fraktioniren dieser Niederschläge aber konstatirte er, dass diese Substanz absolut nicht homogen war, da sie sicher Cer und Yttererden, unabhängig von einer gewissen Menge Praseodidym enthält.

2. Eugen Demarçay[3]) hat das Spektrum und die Natur des Neodidyms untersucht und ist im Gegensatz zu verschiedenen Gelehrten der Ansicht, dass das Neodym ein einfacher Körper ist und nicht ein Gemenge von Elementen.

3. Urbain[4]) hat die Spektren der verschiedenen Didymverbindungen durch Reflexion untersucht; er hat die bemerkenswerthesten Resultate erhalten mit den Oxychloriden, welche eine Reihe von feinen Linien liefern, die sehr leicht vermerkt werden können, während man in Lösungen vermischte Banden erhält, die schwer genau zu bestimmen sind. Die Methode ermöglicht es, mit sehr geringen Mengen Material zu arbeiten.

4. G. Dimmer[5]) hat eine Arbeit gemacht „Ueber die Absorptionsspektra von Didymsulfat und Neodymammoniumnitrat," welche beide Substanzen sowohl als feste Körper als auch in verschieden concentrirten Lösungen untersucht wurden. Die Wellenlängen der auftretenden Absorptionsstreifen wurden gemessen.

Urbain[6]) hat die Aethylsulfatfraktionirungsmethode, die ihm gute Resultate gegeben hat, auf das Didym angewendet und konstatirt,

---

1) Chem. Ztg. **1898**, 406. — Société chim. Paris, Sitzung vom 25. III. 1898. — Bull. Soc. Chim. **19**, 227, 382.

2) Compt. rend. **123**; **107**, 835.

3) Acad. des scienc. Sitzg. v. 4. IV. 1898. — Chem. Ztg. **1898**, 310. — Compt. rend. **104**, 580.

4) Soc. chimique Paris, Sitzg. v. 10. XII. 1897. Nach Chem. Ztg. **1898**, 40.

5) Akad. d. Wissensch. Wien, Sitzung d. mathemat.-naturwissensch. Klasse vom 16. XII. 1897. Nach Chem. Ztg. **1898**, 41.

6) Soc. chim. de Paris, Sitzg. v. 27. V. 1898. Nach Chem. Ztg. **1898**, 542.

dass bei den an Praseodym und Lanthan reichen Gemischen das Neodym sich in den ersten und das Lanthan in den letzten Theilen ansammelt. Die dazwischen liegenden Portionen enthalten Praseodym, welches deutlich frei von Neodym ist. Es ist aber nicht gelungen, nach derselben Methode das Praseodym zu gewinnen. Muthmann und Stützel[1]) sprechen die Vermuthung aus, dass Praseodym kein Element sei. Neodym ist noch nicht rein dargestellt worden.

Thoriumoxyd oder Thorerde.

1. Darstellung aus dem Thorit nach Berzelius. Nach Berzelius wird das Thoroxyd aus dem Thorit folgendermassen dargestellt: Man digerirt das gepulverte Mineral mit Salzsäure, dampft im Wasserbade ein, nimmt mit angesäuertem Wasser den Rückstand auf, um die Kieselsäure zu entfernen, fällt mit Schwefelwasserstoff Blei und Zinn und mit Ammoniak Eisen, Uran und Thonerde. Der ausgewaschene Niederschlag wird in verdünnter Schwefelsäure gelöst und langsam eingedampft, bis sich bei einem gewissen Concentrationsgrade neutrales Thoriumsulfat mit einem gewissen Wassergehalt als weisse, lockere Masse ausscheidet, weil dieses Salz in kochendem Wasser nur sehr wenig löslich ist; es wird siedend heiss ausgewaschen, getrocknet und geglüht; reines Thoroxyd bleibt zurück. Filtrat und Waschwasser werden eingedampft, mit kohlensaurem Kali neutralisirt und mit einer siedend heiss gesättigten Kaliumsulfatlösung versetzt. Es scheidet sich beim Erkalten das Doppelsalz des Thoriumsulfats mit dem Kaliumsulfat aus, weil dieses Salz in concentrirter Kaliumsulfatlösung völlig unlöslich ist. Es wird mit schwefelsaurer Kalilösung ausgewaschen, in warm Wasser gelöst und mit Ammoniak gefällt, wobei sich Thorerdehydrat ausscheidet, welches filtrirt und getrocknet und geglüht wird, wonach es reines Thoriumoxyd darstellt. Man kann auch mit Oxalsäure die neutralisirte Lösung ausfällen. Das Oxalat liefert beim Glühen reines Thoriumoxyd.

2. Darstellung aus dem Orangit nach Chydenius[2]).

Nach Aufschliessung des gepulverten Minerals mit Salzsäure wird nach der Berzelius'schen Methode die Kieselsäure, Blei und

1) Ber. Deutsch. Chem. Ges. **1899**, 2653.
2) Pogg. Ann. **119**, 43.

Zinn u. s. w. entfernt und die Erde mittels Ammoniak gefällt. Da sie noch unrein ist, wird sie in Salzsäure gelöst, mit Ammoniak neutralisirt und mit gesättigter Kaliumsulfatlösung als Doppelsalz abgeschieden. Durch wiederholtes Lösen in Wasser und Fällen mit Ammoniak wurde das reine Thoriumhydrat erhalten.

3. Darstellung aus dem Thorit und dem Orangit nach Delafontaine[1]).

Das Verfahren ist betreffend die Aufschliessung dasselbe wie es von Marignac für die Ceritmetalle angewendet wurde, nämlich mit koncentrirter Schwefelsäure. Die aufgeschlossene Masse wird sodann auf 400—500^0 erhitzt, dadurch von der Säure befreit, in kaltes Wasser eingetragen und durch Erhitzen auf 100^0 unreines Thorsulfat gewonnen. Durch öfteres Lösen in kaltem Wasser und Erwärmen wird das unreine Sulfat gereinigt. Aus dem reinen Sulfat erhält man nach dem Glühen reines Oxyd. Aus den Mutterlaugen gewinnt man das Thorium als Doppelsalz mittels Kaliumsulfat.

4. Das Reinigungsverfahren nach Bunsen.

Die von Bunsen[2]) 1875 publicirte Methode beruht auf folgenden Grundlagen:

Schon 1861 hatte Chydenius[3]) gezeigt, dass Lösungen von Thorsalzen auf Zusatz von Natriumthiosulfatlösung und nachfolgendem Aufkochen einen pulverig gelblichweissen Niederschlag von Thoriumthiosulfat liefern und sich dadurch von den Salzen anderer seltener Erden unterscheiden, deren Salze in neutralen Lösungen durch Thiosulfat nicht gefällt werden. Bunsen benutzte diese Eigenschaft zur Begründung eines Reinigungsverfahrens, fand indessen, dass die auf diese Weise gereinigten Präparate sich noch nicht ganz frei von begleitenden Erden zeigten. Inzwischen hatte er eine andere weitere Eigenthümlichkeit des Thoriums beobachtet, nämlich die, dass sein Oxalat sich mit Leichtigkeit löst, wenn man dasselbe mit einer Auflösung von oxalsaurem Ammoniak erwärmt. Dadurch unterscheidet sich das Thorium vom Cer und Didym, deren Oxalate in solchen Lösungen ebenso wenig löslich sind, wie in Wasser. Das Oxalat des Lanthans ist dagegen, ebenso wie das des Thoriums löslich in kochender concentrirter Lösung von oxalsaurem Ammoniak,

---

1) Ann. Chem. Pharm. 1863, **131**, 100.

2) R. Bunsen, Pogg. Ann. **155**, 366 ff.

3) Kemisk undersökning af thorjord och thorsalter. Akad. Afh. Helsingfors 1861.

scheidet sich aber immer wieder ab, wenn man die erhaltene Lösung mit viel Wasser verdünnt und erkalten lässt. Nachdem von Bunsen festgestellt war, dass die Lösung des Thoriumoxalats in oxalsaurem Ammoniak weder beim Erkalten noch beim Verdünnen irgend etwas abscheidet, schlug er vor, rohe Thorsalze in der Weise zu reinigen, dass man sie mehrmals als Thiosulfat fällt und dann ausserdem mehrmals in Form des Oxalats in Ammonoxalatlösung löst, die Lösung stark verdünnt und von den dabei ausgeschiedenen Verunreinigungen trennt. Auf diese Weise wurde ein vollkommen reines Präparat erhalten. Das reine Thoriumoxyd giebt (als Chlorid geprüft) weder in der Flamme noch im Funken ein Spektrum und können diese Eigenschaften zur Erkennung der Reinheit dienen.

Bohuslav Brauner[1]) theilt einige Beiträge zur Chemie des Thoriums mit, die deshalb hier vorausgenommen werden, weil sie die Eigenschaft des Thoroxalats, sich in Ammoniumoxalatlösung leicht zu lösen, welche zu den Grundzügen der Bunsen'schen Trennungsmethode, die wir soeben beschrieben, gehört, betreffen. Diese Reaktion hat Brauner eingehend untersucht. Es bildet sich hierbei ein Doppeloxalat von Thorium und Ammonium. Er konnte eine Substanz darstellen von der Formel: $Th(C_2O_4)_2 + 2\,(NH_4)C_2O_4 + 7\,H_2O$ in so reinem Zustande, dass aus deren Analyse das Atomgewicht des Thoriums $Th = 232{,}59$ berechnet werden konnte. Dieses komplexe Salz ist Thoriumammoniumoxalat. Es wird zersetzt durch Wasser, aber eine bestimmte Menge des löslichen Zersetzungsproduktes löst den unlöslichen Bestandtheil auf, so dass ein Theil Wasser einen Theil Ammoniumthoroxalat in Lösung hält, wenn $^1/_2$ Molecül freies Ammoniumoxalat vorhanden ist. Das Salz bildet zwei Hydrate, das eine mit sieben Wasser, das andere mit vier Wasser. Ersteres verliert in Luft von mittlerer Feuchtigkeit Wasser und geht in das letztere über, welches in vollkommen trockner Luft wasserfrei wird (schneller bei 100^0 ohne Ammoniakverlust). Beim Erhitzen auf höhere Temperaturen werden grosse Mengen Cyangas entwickelt. Auf den erhaltenen Resultaten gründet Brauner eine Methode zur Reindarstellung von Thorium. Er stellt folgende Regel auf: Das Streben, komplexe Oxyde zu bilden ist umgekehrt proportional der Basicität einer Erde. Beim Fällen einer Lösung von Ammoniumthoroxalat mit Oxalsäure wird ein saures Thoroxalat:

$$H_2Th_2(C_2O_4)_5 + 9\,H_2O$$

gebildet.

[1]) Chemic. Soc. Sitzung v. 17. III. **1897**. Nach Chem. Ztg. **1898**, 272.

5. Das Reinigungsverfahren von L. F. Nilson[1]. Die Sulfate der seltenen Erden besitzen eine höchst merkwürdige Eigenschaft, welche wir andeutungsweise schon beim Calciumsulfat finden: sie sind in warmem Wasser weniger löslich als in kaltem.

Das wasserfreie Thoriumsulfat löst sich in etwa zwanzig Theilen Wasser von 0^0, beginnt bei 6^0 sich als krystallwasserhaltiges Salz auszuscheiden.

Die Verarbeitung des Thorits wurde nach Ausschliessung mit Salzsäure u. s. w. wie gewöhnlich ausgeführt, dann das mit Ammoniak gefällte Thorerdehydrat, welches noch unrein war, in Salzsäure gelöst und das Oxalat gefällt und durch Glühen immer noch unreine Thorerde erhalten.

Zur weiteren Reinigung wurde nun die eben erwähnte Eigenschaft des wasserfreien Thoriumsulfats benutzt, in Eiswasser ziemlich leicht löslich zu sein, während das wasserhaltige Thoriumsulfat ($Th(SO_4)_2 + 9$ aq.), das sich beim Erwärmen der Lösung bildet, in Wasser schwer löslich ist und sich deshalb ausscheidet, wogegen gleichzeitig andere verunreinigende Sulfate gelöst bleiben.

Die Erde wurde deshalb durch Erhitzen mit Schwefelsäure in das wasserfreie Sulfat übergeführt, dieses in Eiswasser gelöst, wozu nur fünf Theile nöthig waren. Beim Erwärmen der Lösung auf 20^0 schieden sich $^2/_3$ des Sulfats als schwerer weisser Niederschlag des wasserhaltigen Sulfats ab. Die Mutterlaugen wurden eingedampft, gaben wieder wasserfreies Sulfat, welches wieder in Eiswasser gelöst, sodann auf 20^0 erwärmt wurde u. s. w. bis sich kein Thoriumsulfat mehr ausschied.

Durch öfteres Wiederholen derselben Operation mit dem erhaltenen Thoriumsulfat, das durch Erhitzen entwässert war, wurde schliesslich ein Sulfat erhalten, das als völlig rein bezeichnet werden konnte.

Bei dem Auflösen des entwässerten Salzes in Eiswasser bildet sich durch lokale Erwärmung schon wasserhaltiges Salz, ehe einmal die Lösung stattfindet; deshalb bleibt auch immer ein Rest, der sich nicht auflöst. Dieser ist indessen ebenso zu behandeln, wie das aus der Lösung abgeschiedene Salz.

---

[1]) Öfvers af k Swenska Vet. Akad. Förhandl, **1882**, Nr. 7. — Deutsch. Chem. Ges. Ber. **1882**, 2519, 2537. — Ann. Chim. phys. [5] **30**, 563. — Compt. rend. **96**, 346. — Chem. News **47**, 722. — Krüss und Nilson, Deutsch. Chem. Ges. Ber. **1887**, 1666.

Eine Abänderung des Nilson'schen Reinigungsverfahrens hat Cleve vorgenommen. Bei der Darstellung des reinen Thoriumsulfats hatte er nach dem Vorgange der älteren Chemiker die bei 0° bereitete Lösung des wasserfreien Sulfats zum Kochen erhitzt, wobei er das jedesmalige Entwässern des Salzes vor dem Lösen als Unbequemlichkeit empfand. Er ging deshalb dazu über, das zu reinigende Thoriumsulfat durch Kochen mit Ammoniak in Hydrat zu verwandeln, dieses in Salzsäure zu lösen und in der so erhaltenen Lösung selbst das Sulfat durch Zusatz von Schwefelsäure zurückzubilden. Der Zusatz von Schwefelsäure wurde bei Zimmertemperatur vorgenommen und das Sulfat so als schleimige Fällung des wasserhaltigen Salzes erhalten, welches nach einigem Stehen krystallinisch und leicht filtrirbar wurde. Auf diese Weise erhielt Cleve ein Thoriumsulfat, welches schon nach dreimaliger Wiederholung des Verfahrens nicht nur frei von jeder Spur Cer, sondern auch von dem schwieriger zu entfernenden Praseodym ist.

O. N. Witt[1]) hat die Cleve'sche Vorschrift insofern abgeändert, als er sie in engeren Zusammenhang mit der Nilson'schen brachte, indem er die Vermischung der salzsauren Lösung mit der nöthigen Menge Schwefelsäure bei 0° ausführte. Unter diesen Umständen bleibt die Mischung ganz klar, bis sie die Temperatur von 6° angenommen hat. Nun beginnt die Ausscheidung des wasserhaltigen Sulfates, genau wie bei dem Verfahren von Nilson.

In dieser geschilderten Weise abgeändert, erweist sich das Nilson'sche Verfahren nicht nur als einfach, billig und zuverlässig, sondern auch als überaus handlich und expeditiv, so dass man mit seiner Hilfe im stande ist, mit einer nur unbedeutenden Apparatur grosse Mengen von rohem Thoriumsulfat in kürzester Zeit zu reinigen und zwar so vollständig, wie es die chemische Industrie selbst heute noch nicht thut.

6. Verarbeitung von Monazitsand nach Kosmann. D.R.P. 90652. Betreffend die Reindarstellung der Thorverbindungen aus dem Monazitsand, demjenigen Mineral, welches heutzutage wohl ausschliesslich zur Darstellung der Thorsalze benutzt wird, da die reichhaltigsten Thorit und Orangit längst erschöpft sind, ist ein von Kosmann angegebenes und durch Deutsches Reichspatent geschützte Verfahren zu erwähnen.

[1]) O. N. Witt, Ueber den Cergehalt der Thorsalze April 1897.

Zu der durch Auslaugen des mit Schwefelsäure aufgeschlossenen Monazitsandes erhaltenen Rohlauge, welche Sulfat- und Phosphatverbindungen enthält, wird Ammoniak bis zum Entstehen eines bleibenden Niederschlages zugesetzt. Man säuert die Lösung wieder mit Salzsäure an bis zum theilweisen Verschwinden des Niederschlages und setzt Schwefelwasserstoff als Wasser oder in Gasform hinzu. Nach 24-stündigem Stehen hat sich die grösste Menge von Didymsalzen krystallisirt abgeschieden, nebst einem aus Thonerde- und Eisenphosphat und Schwefelzinn bestehenden Schlamm. Zu der von diesem Niederschlage abgeheberten Lauge, setzt man in angemessener Menge Wasserstoffsuperoxyd sowie eine saure Lösung von Ammoniumnitrat und dann Ammoniak zu, bis ein bleibender Niederschlag entsteht. Derselbe ist nun frei von Didym- und Cer-Salzen, bildet einen flockigen bis käsigen Absatz und ist in kalter Salpetersäure löslich. Man trennt die Phosphate vom Thoriumhydrat entweder mit Oxalsäure, die Thoroxalat fällt oder mit Ammoniak und Essigsäure, wodurch beim Kochen in schwach saurer Lösung die Phosphate gefällt werden und Thoriumoxyd in Lösung geführt wird. Aus dieser Lösung wird, da sie noch Antheile der Ceritsalze enthält, unter Zuhilfenahme von Wasserstoffsuperoxyd und saurem Ammoniumnitrat mittels Ammoniak Thoriumhydrat gefällt, welches nunmehr chemisch rein ist und in das Nitrat verwandelt wird, das durch Abdampfen als krystallisirtes Salz erhalten wird. Auch in dem Falle, wenn Thorium mittels Schwefelsäure von den Ceritsalzen geschieden und das Thoriumsulfat in Salpetersäure gelöst worden ist, wird die Fällung des Thoriumhydrats behufs Reindarstellung unter Zusatz der oben genannten Reagentien bewirkt.

7. Anreicherung des Thoroxydgehaltes im Monazitsand.

a) Verfahren nach Fromlein und Mai. D.R.P. 93940.

Um aus dem Monazitsand ein ca. 50% Thorerde enthaltendes Material zu erhalten, ist M. Fromlein und J. Mai, Heidelberg ein Verfahren durch Reichspatent geschützt worden, welches in folgendem besteht: Der Monazitsand wird in bekannter Weise mit concentrirter Schwefelsäure aufgeschlossen, die Masse in Wasser gegossen und aus dem Filtrat werden sodann die seltenen Erden mit Oxalsäure gefällt; die Oxalate werden alsdann in eisernem Tiegel zur dunkeln Rothgluth erhitzt. Das so erhaltene dunkelbraune Produkt wird mit concentrirter Salzsäure aufgenommen und die Lösung zur Trockne eingedampft. Der Rückstand wird so lange mit direkter Flamme erhitzt (vorsichtig am besten mittels Asbestplatte) bis die Masse ein weisses Aussehen erhält und ein Geruch nach Salzsäure kaum wahrzunehmen ist. Wird nun nach dem Erkalten mit kaltem Wasser aufgenommen, so geht der weitaus grösste Theil der Cererden ausserordentlich leicht in Lösung, während der die Thorerde enthaltende Theil ungelöst zurückbleibt. Dieser durch Filtration und Auswaschen gereinigte Rückstand enthält ca. 50% Thorerde. Aus seiner Lösung in concentrirter Salzsäure werden nach dem Verdünnen mit Wasser die Oxalate gefällt und durch Lösen in Ammoniumoxalat oder durch Krystallisation mit concentrirter Salzsäure von den noch anwesenden Mengen der Cererde befreit.

b) Verfahren nach Buddëus und Gen. D.R.P. 95061.

Ein zweites Verfahren zur Anreicherung des Thoroxydgehaltes in daran armen Monazitsanden ist W. Buddëus, Wilmersdorf, L. Preussner, Ph. Itzig, Charlottenburg und G. Oppenheimer, Berlin patentamtlich geschützt worden.

Dieses Verfahren besteht in folgendem:

Man schmilzt die zerkleinerten Massen mit Aetznatron bei 400—500°, wodurch ihnen die gesammte Phosphorsäure entzogen wird. Titaneisen und Zirkon werden dabei fast gar nicht angegriffen. Beim Auslaugen der Schmelze bleiben somit nur Titaneisen und Zirkon in gröberen Stücken und das Thor neben Cer, Lanthan, Didym in Form ihrer Oxyde als leichtes Pulver zurück. Man schlämmt die seltenen Erden ab und entfernt aus ihnen die Cerbasen durch Digestion mit wässriger schwefliger Säure. — Nach diesem Verfahren sollen beispielsweise aus 1000 kg Rohprodukt 80—220 kg eines angereicherten Monazitsandes mit 12,5—16% Thoroxyd erhalten werden.

8. Verarbeitung von Monazitsand nach Drossbach.

G. Paul Drossbach[1]) beschreibt in eingehender Weise die Verarbeitung von 3—4000 kg feinstgemahlenen, sorgfältig aufbereiteten Monazits, dessen mittlere Zusammensetzung folgende war:

Cersesquioxyd	21,4
Lanthanoxyd	14,0
Didymoxyd	28,8
Oxyde der Erbiumgruppe	1,5

[1]) Deutsch. Chem. Ges. Ber. **1896**, 2452.

Thoriumoxyd	8,0
fremde Oxyde der Cergruppe . . .	0,5

Der Rest war Kieselsäure, Phosphorsäure und mechanische Verunreinigungen. Das Volum-Gewicht des Minerals war konstant: 5,13. Es stammte aus den nordöstlichen Ausläufern der blauen Berge und bildete dunkelbraune, hanfkorn- bis erbsengrosse ausgebildete Krystalle.

Der feinstgemahlene Monazit wurde mit Schwefelsäure in bekannter Weise aufgeschlossen und die durch Auslaugen mit Wasser erhaltene Sulfatlauge auf dem Wege des Ausfraktionirens weiter verarbeitet, wodurch das schwach basische Thorium gewonnen wurde. Die weitere Verarbeitung der Sulfatlauge nach dem Ausfraktioniren des Thoriums auf die Cer- und Erbin-Elemente können wir hier übergehen, da dieselbe bereits an den betreffenden Stellen ausführlich beschrieben ist.

9. Verfahren nach Brauner. D.R. P. 97689.

Ein die Trennung der Thorerde von den übrigen seltenen Erden betreffendes Verfahren ist B. Brauner, Prag durch Deutsches Reichspatent[1]) geschützt worden. Es besteht in folgendem: Man digerirt rohes Thoriumoxalat mit einer Lösung von Ammoniumoxalat und zwar nimmt man auf 1 Molekül Thorerde 4 Molekül Ammoniumoxalat. Nach dem Klären und Einkochen der Lösung setzt man einen Ueberschuss kalter, concentrirter Salzsäure hinzu, wodurch sich das saure Thoroxalat als kolloidaler Niederschlag abscheidet, der beim Erwärmen krystallinisch wird. Der auf ein Saugfilter gebrachte mit salpetersäure- oder oxalsäurehaltigem Wasser ausgewaschene Niederschlag erweist sich als chemisch reines Thoriumoxalat.

10. Verfahren nach Kosmann.

Unter der Bezeichnung: „Trennung gewisser seltener Erden und Herstellung von Stoffen zur Glühlichtbeleuchtung daraus“ ist B. Kosmann, Berlin ein Verfahren betreffend die Verarbeitung des Monazitsandes durch das Engl. Patent 18915 v. 26. August 1896 geschützt worden, welches in folgendem besteht: Die rohe Flüssigkeit, welche man beim Löslichmachen von Monazitsand oder beim Behandeln von Ceriterzen mit Schwefelsäure erhält, enthält ausser den gewöhnlichen Sulfaten noch ein neues Metall: „Das Kosmium“(?). Um diese Substanz abzuscheiden,

1) D.R.P. 97689 v. 31. XII. 1897.

wird die Lösung mit Ammoniak gesättigt, bis sich ein bleibender Niederschlag bildet; dann wird die Salzsäure zugesetzt, bis ein krystallinischer Niederschlag der Sulfate ausfällt. Dieser wird wieder aufgelöst, wobei er einen Rückstand von Kieselsäure und etwas Thoriumsulfat hinterlässt, und die Lösung wird einer fraktionirten Fällung mittels Wasserstoffsuperoxyd unterworfen, wobei zu beachten ist, dass die Lösung immer sauer bleibt. Das Cer wird zuerst gefällt als Perhydroxyd und nachher Didym und Lanthan als Hydroxyde. Bei weiterem Zusatz von Ammoniak, bis die Lösung alkalisch ist, wird ein weisser Niederschlag gebildet, welcher Kosmiumoxyd enthält. Um dieses Oxyd zu reinigen, wird es in Salpetersäure aufgelöst und durch Zusatz von Oxalsäure als Oxalat gefällt; dieses wird abfiltrirt, gewaschen und erhitzt. Der Rückstand wird wieder in Salpetersäure gelöst und weiter in saurer Lösung mit Wasserstoffsuperoxyd und Ammoniak behandelt, worauf sich ein hellgelber Niederschlag, welcher das zurückbleibende Lanthanoxyd enthält, abscheidet. Wenn man nun Ammoniak im Ueberschuss zusetzt, so wird das weisse Hydrat des Kosmiums gefällt.

Durch Auflösen des letzteren in Salpetersäure wird das Kosmiumnitrat, ein bläulich weisses Salz erhalten. Das Sulfat ist ein hellrosa Salz, das durch die Luft zersetzt wird. — Das Hydroxyd ist trocken rosa gefärbt; beim Erhitzen auf dunkle Rothglut wird es chokoladenbraun. Das Oxyd strahlt ein röthlich gelbes Licht aus. Durch Mischen mit Thoroxyd oder mit den Oxyden von Thorium und Cerium wird ein gelbliches Licht erhalten. Das Oxyd kann mit Zirkonoxyd oder mit Zirkonoxyd und Baryumoxyd gemischt werden zur Erzielung eines weissen oder röthlichweissen Lichtes.

Das Kosmium, dessen Darstellung hier wiedergegeben ist, erwies sich jedoch später wie das Lucium und andere als das Ergebniss unvollkommener Trennung.

11. Verfahren nach Wyrouboff und Verneuil.

Die Trennung des Thoriums von den Ceriterden betreffend, machen G. Wyrouboff und A. Verneuil Mittheilungen[1]): Sie haben gefunden, dass wenn man zu Thoriumnitrat, welches von freier Säure möglichst befreit ist, einen Ueberschuss von Wasserstoffsuperoxyd setzt und auf 60° erhitzt, man alles in Lösung befindliche Thor fällt. Die Reaktion ist so empfindlich, dass man nicht nur $^1/_{1000}$ Thoroxyd gemischt entweder mit Cer allein oder mit allen

1) Chem. Ztg. **1898**, 105. — Bericht d. Acad. des scienc. 24. I. 1898.

Erden des Cerits oder Gadolinits erkennen, sondern auch sammeln und bestimmen kann. Zwar enthält das so gefällte Thoroxyd noch Cer, besonders wenn letzteres in grossem Ueberschuss vorhanden war. Aber wenn man dieses noch unreine Thoroxyd in Salpetersäure auflöst, zur Trockne eindampft und noch einmal mit Wasserstoffsuperoxyd fällt, so erhält man ein Produkt, welches nur noch weniger als 0,1 % Verunreinigungen enthält. Eine dritte Fällung nimmt diese letzten Spuren von Cer weg und nach einer vierten Fällung giebt das Filtrat nicht mehr den geringsten Niederschlag mit Ammoniak. Als die Verf. diese so einfache und schnelle Methode auf die quantitative Bestimmung des Thoriums in Gegenwart anderer seltener Erden anwenden wollten, ergaben sich unvorhergesehene Schwierigkeiten. Nach zahlreichen Versuchen kamen die Verf. zu folgender Art des Verfahrens, welches hinreichend genaue Resultate giebt:

Die Lösung der Nitrate, welche nicht mehr als 0,5 % Oxyd enthalten darf, wird zur Trockne verdampft, mit 100 ccm Wasser und 10 ccm Wasserstoffsuperoxyd (durch Destillation gereinigt) versetzt; man erhitzt einige Minuten unter Umrühren. Der äusserst voluminöse Niederschlag wird auf dem Filter gewaschen, bis das Waschwasser von Ammoniak nicht mehr gefällt wird. Man entfernt mittels eines Stäbchens den Niederschlag vom Filter, was sich infolge der gelatinösen Konsistenz des Peroxydes sehr leicht machen lässt und löst ihn in der Wärme in einigen Kubikcentimetern Wasser, welchen man 2 g Jodammonium und 2 ccm concentrirte Salzsäure zusetzt. Die Reduktion tritt sofort ein. Man lässt die heisse Lösung durch das Filter gehen, um die noch daran haftenden Theilchen des Niederschlages aufzulösen und wäscht. Die Lösung wurde mit Ammoniak gefällt; das Hydroxyd, welches man nicht zu waschen braucht, wird auf dasselbe Filter gebracht und geglüht. In der vom Peroxyd abfiltrirten Flüssigkeit fällt man alle anderen, die Thorerde begleitenden Erden mit Ammoniak.

Zirkonoxyd oder Zirkonerde.

Das Material zur Herstellung der Zirkonerde sind die Zirkone und Hyacinthen, die, wie im zweiten Theil näher beschrieben, aus Kieselsäure, Eisenoxyd und Zirkonerde bestehen.

Dem Aufschliessen dieser Mineralien geht das Pulverisiren vorher, welches wegen der Härte derselben dadurch erleichtert wird, dass man sie glühend ins Wasser wirft.

1. Die Aufschliessung geschieht durch Schmelzen mit dem vierfachen Gewicht Natrium-Kaliumkarbonat (nach Wöhler) — ein Zusatz von Kaliumnitrat gilt als zweckmässig (Henneberg, Wackenroder) — durch Lösen der Schmelze in Wasser und Abscheiden der Kieselsäure auf die bekannte Weise. Man erhält dann eine Lösung von Zirkonchlorid, Eisenchlorid und Chlornatrium.

2. Trennungsmethoden.

a) Nach Chancel[1]), Stromeyer[2]), Hermann[3]).

Diese Verfahren sind der Trennung des Eisens vom Aluminium analog. Die salzsaure Lösung wird so verdünnt, dass ein Zirkonoxyd auf 500 Wasser kommen. Man giebt sodann zu der kalten Lösung Natriumthiosulfat und wartet, bis sich unterschwefligsaures und tetrathionsaures Eisenoxydul gebildet haben, was an der vollständigen Entfärbung der Lösung zu erkennen ist. Beim Kochen scheidet sich Zirkonhydroxyd mit Schwefel ab, während Eisen in Lösung bleibt. Der Niederschlag wird ausgewaschen, der Schwefel abgebrannt und es hinterbleibt: reine Zirkonerde.

b) nach Berlin[4]).

Kocht man das eisenhaltige Zirkonhydroxyd mit einer Oxalsäurelösung, so entsteht leicht lösliches oxalsaures Eisenoxyd und unlösliches Zirkonoxalat, welches indessen in freier Oxalsäure löslich ist.

c) Trennung mittels Kaliumsulfat.

Kocht man die Lösung der eisenhaltigen Zirkonerde mit Kaliumsulfat, so scheidet sich beim Erkalten basisches Zirkonsulfat eisenfrei aus.

d) Methode von Marignac[5]).

Der gepulverte Zirkon wird mit Fluorkalium oder Fluorwasserstoffkalium (FlHK) erhitzt, wodurch die Aufschliessung sehr glatt vor sich geht. Die zerkleinerte Schmelze wird mit verdünnter Flusssäure ausgewaschen, wobei Kieselfluorkalium ungelöst bleibt, Zirkonfluorkalium in Lösung geht und beim Erkalten aus-

---

1) J. pr. Chem. **74**, 471.

2) Ann. Chem. Pharm. **113**, 127.

3) J. pr. Chem. **97**, 330.

4) J. pr. Chem. **58**, 145.

5) Ann. Chim. Phys. [3] **60**, 257. — J. pr. Chem. **83**, 202. — Hjostdahl, Ann. Chem. Pharm. **137**, 34.

krystallisirt. Durch Behandeln des Rückstandes mit concentrirter Schwefelsäure und Lösen wird das Zirkonsulfat erhalten.

e) nach Franz[1]).

Das gepulverte Mineral wird durch Schmelzen mit Kaliumbisulfat aufgeschlossen. Nach dem Ausziehen der Schmelze mit siedender, verdünnter Schwefelsäure bleibt sehr reines basisches Zirkonsulfat ($3\,ZrO, SO_3$) zurück. Dieses wird nach dem Schmelzen mit Aetzkali, Auswaschen der Schmelze mit Wasser, Lösen des Rückstandes (= natronhaltige Zirkonerde) mit Schwefelsäure und Fällen mit Ammoniak in Zirkonhydroxyd übergeführt.

B. Die Metalle der seltenen Erden.

Die bis jetzt im freien Zustande bekannten Metalle der seltenen Erden sind: Yttrium, Cer, Lanthan, Didym, Thorium, Zirkonium.

1. Yttrium (Y).

Das reine Yttrium wird nach Cleve durch Elekrolyse des schmelzenden Chloryttrium-Natrium oder durch Einwirkung von Natrium auf dasselbe erhalten. Es bildet ein graues, das Wasser zersetzendes Pulver; es verbrennt auf Platinblech erhitzt, namentlich im Sauerstoffstrom, mit ausgezeichnetem Glanze zu Oxyd. Das Spektrum zeigt zahlreiche Linien im Orange, Gelb, Grün, Indigo. Das Atomgewicht des Yttriums fand Berzelius zu 120; Delafontaine zu 96; Popp zu 92,027; Bahr und Bunsen zu 92,55; Cleve erhielt als Mittel von fünf Versuchen 89,55 (O = 16; S = 32,074). — Lothar Meyer und Seubert halten die Zahl 89,6 für die am wahrscheinlichsten richtige. Die Yttriumverbindungen sind den Didymverbindungen isomorph. Deshalb ist Yttrium als

[1]) Deutsch. Chem. Ges. Ber. **1870**, 58.

Doppelatom wahrscheinlich sechswerthig. Sonst ist Yttrium vierwerthig.

2. Cer (Ce).

Das reine Cer ist durch Elektrolyse von Chlorcerium-Natrium in Bunsen's Laboratorium erhalten worden [1]. Dieses hat Farbe und Glanz des Eisens und ist politurfähig; es lässt sich aushämmern, auswalzen und zu Draht ausziehen. Das Volum-Gew. ist 6,628. Nach Hillebrand [2] ist die spec. Wärme 0,04479. Der Cerdraht entzündet sich an der Flamme und brennt noch mit intensiverem Glanze als Magnesium. Reines Wasser wird von Cer nur schwer zersetzt; kalte Schwefelsäure und concentrirte Salpetersäure greifen es nicht an, wohl aber die verdünnten Säuren sowie Salzsäure, welch letztere es unter Wasserstoff-Entwicklung zu Chlorür löst. Sein Spektrum zeigt Linien im Gelb, Grün, Blau, Indigo. Das Atomgewicht ist 140,2. Cer ist vierwerthig, im Doppelatom sechswerthig; es gehört in die dritte Gruppe des periodischen Systems mit Aluminium, Indium, Gallium u. s. w. zusammen.

3. Lanthan (La).

Das metallische Lanthan, durch Kalium aus dem Lanthanchlorür reducirt, bildet bleigraue Massen, die kaltes Wasser langsam, heisses schnell unter Wasserstoffentwicklung zersetzen. In seinem chemischen Verhalten steht es dem Cer nahe; nur wird es auch von concentrirter Salpetersäure leicht angegriffen. Das Volum-Gew. ist 6,193. Lanthan zeigt ebenfalls nur ein Linienspektrum wie Yttrium und Cer und hat besonders Linien im Grün, Blau, Indigo, Violett. Das Atomgewicht ist 138,2. —

4. Didym (Di).

Das metallische Didym wurde durch Elektrolyse aus dem Chlordidym-Natrium von Hillebrand und Norton dargestellt. Seine Farbe ist gelblichweiss; das Volum-Gew. 6,544; die spec. Wärme beträgt 0,04563. Das Emissionsspektrum tritt besonders

---

1) Pogg. Ann. **155**, 633.

2) Pogg. Ann. **158**, 71.

im Grün und Blau auf. Ausserdem zeigt Didym ein Absorptionsspektrum. Die Oxyde und Salze zeigen anderes Emissionsspektrum, welches mit dem Absorptionspektrum identisch ist. Das Atomgewicht ist 142,3. — Didym ist vierwerthig, im Doppelatom sechswerthig. Die in neuerer Zeit aufgetauchte Annahme, dass zwischen Didym und Lanthan noch ein neues Element existirt, ist nach den Untersuchungen von Cleve[1]) sehr wenig wahrscheinlich geworden. Betreffend die weitere Zerlegung des Didyms siehe S. 63.

5. Thorium (Th).

Das Thorium ist von Nilson als Metall durch Reduktion von Kalium-Thoriumchlorid mittels Natrium dargestellt worden. — Behufs Darstellung des Doppelchlorids wurde Thorsulfat mit Kalihydrat gefällt und gekocht, das Hydrat wurde gewaschen und um die letzten Spuren Schwefelsäure zu entfernen, die Lösung des Hydrats in Salzsäure nochmals gefällt, mit Wasser ausgewaschen und in Salzsäure gelöst, mit soviel Chlorkalium versetzt, dass zwei Moleküle des letzteren auf ein Molekül Thoriumchlorid kommen und eingedampft und zuletzt im Salzsäuregasstrom durch bis zum Glühen gesteigertes Erhitzen wasserfrei erhalten. Durch Ueberleiten von trocknem Wasserstoffgas wurde etwa vorhandener Chlorwasserstoff entfernt und dann mit dem so gewonnenen Doppelsatz die Reduktion vorgenommen.

Das Thoriummetall bildet ein graues, glimmerndes Pulver, aus mikroskopischen, kleinen, dünnen, sechsseitigen, verwachsenen Tafeln oder Lamellen bestehend.

Es krystallisirt regulär in Kombinationen von Oktaedern und Tetraedern, ist also mit Diamant und Silicium isomorph.

Das spec. Gew. im krystallisirten Zustande: 11,23; im matten 10,968; im Mittel 11,099. Von Wasser wird Thorium unter keinen Umständen verändert.

Von verdünnter Schwefelsäure resp. Salzsäure wird es unter Wasserstoffentwicklung gelöst; von concentrirter Schwefelsäure unter Entwicklung von schwefliger Säure; von verdünnter, sowie concentrirter Salpetersäure wird es kalt wie warm wenig verändert; von Alkalihydraten wird es nicht angegriffen; von Königswasser wird es kalt, noch schneller heiss gelöst. Beim Erhitzen auf 100° bis 120°

1) Compt. rend. **94,** 1528.

bleibt es unverändert; bei höherer Temperatur entzündet es sich und verbrennt unter glänzender Feuererscheinung zu Oxyd. Intensiver verbrennt es in Sauerstoff. Schon in die Flamme gestreut, entstehen unzählige leuchtende Sterne von lebhaftestem Glanze. Das Thor zu schmelzen, ist noch nicht gelungen. Von Chlor, Brom, Jod wird es ebenfalls unter Feuererscheinung in die entsprechenden Halogenverbindungen übergeführt.

Das Atomgewicht ist im Mittel 232; dassselbe wurde von Berzelius durch Analyse des Sulfats zu 239,9—235,5 gefunden. — Chydenius (1863) bestimmte ebenfalls das Atomgewicht des Thoriums und fand dasselbe zu 239,2—240,3, als Mittel seiner sämmtlichen Analysen zu 236,6. Delafontaine bestimmte in demselben Jahre das Atomgewicht des Thoriums in derselben Weise und fand es zu 231,75—231,44. Cleve bestimmte 1874 (Jahrb. d. Chem. 1874, 261) das Atomgewicht durch Analyse des Sulfats im Mittel zu 233,8, durch Analyse des Oxalats 233,9. — Bohuslav Brauner stellte vollständig reines Oxalat dar und legte dieses seinen Arbeiten zu Grunde; er bestimmte das Atomgewicht des Thoriums als Durchschnitt von fünf Versuchsreihen zu 232,42 [1]). Das Thorium zeigt nach Bunsen weder in der Flamme noch im Funkenstrom ein Spektrum. Es ist vierwerthig.

6. Zirkonium (Zr).

Das Element Zirkonium wurde zuerst von Berzelius 1824 durch Reduktion des Fluorzirkoniumkalium mittels Kalium als amorphes, kohlenschwarzes Pulver dargestellt. In diesem sehr porösen Zustande entzündet es sich, an der Luft erhitzt, noch weit unter der Glühhitze und verbrennt unter starker Lichtentwicklung zu Zirkonerde.

Von Säuren, selbst Königswasser, wenig angreifbar, wird es von Fluorwasserstoffsäure leicht gelöst.

Durch Erhitzen von Fluorzirkonkalium mit Aluminium bis zur Eisenschmelzhitze erhielt Troost[2]) das Zirkonium krystallinisch.

Das krystallinische Zirkonium ist stark glänzend, spröde, dem Antimon ähnlich und sehr hart. Das spec. Gew. beträgt 4,15. —

1) Chem. Ztg. **1898**, 272. — Soc. Chim. Sitzung 17. IV. 1897.

2) Ann. Chem. Pharm. **136**, 53.

Beim Erhitzen an der Luft ist es sehr widerstandsfähig und oxydirt sehr schwer; im Knallgasgebläse verbrennt es.

Schmelzendes Kaliumnitrat, Kaliumchlorat, Schwefelsäure und Salpetersäure sind ohne nennenswerthe Wirkung darauf. Von Säuren, selbst von Königswasser wird es lebhaft in der Wärme gelöst.

Fluorwasserstoffsäure ist das beste Lösungsmittel. Die Zirkonverbindungen geben ein Funkenspektrum, besonders rothe und blaue Linien.

Das Atomgewicht des Zirkoniums beträgt 90.

IV. Theil.

Die chemischen Verbindungen der seltenen Erden.

Litteratur: Graham Otto, Anorg. Chem. 5. Aufl., II, 2 und 4. — Chem. Ztg. 1894, 1739, Bokorny. — Ebenda 1895, 2254, G. Thesen. — Ebenda 1896, 608, Henry Moissan. — Ebenda 1898, 80, André Job. — Ebenda 1898, 1049, Wyronboff und Verneuil. — Ebenda 1899, 85, André Job. — Ebenda 99, 424, derselbe. — Bull. soc. chim. [2] 43, 53, Cleve. — Ebenda [2] 42, 2, Högbom. — Ebenda [2] 43, 57, Lecoq de Boisbaudran. — Compt. rend. 75, 321, Holzmann. — Ebenda 100, 605, Cleve. — Ebenda 100, 1461, Didier. — Pogg. Ann. 108, 40, Rammelsberg. — Ebenda 114, 616, Nordenskjöld. — Ann. Chem. Pharm. 137, 34, Hjostdahl. — Ebenda 168, 50, Mendelejeff. — Ebenda 232, 352, Bailey. — Deutsch. Chem. Ges. Ber. 9, 1581, Rammelsberg. — Ebenda 11, 910, Brauner und 1882, 114, derselbe. — Ebenda 1887, 1394, A. Weibull. — J. pr. Chem. 97, 318, Hermann. — Zeitschr. f. anorg. Chem. XIX, 1899, P. Mengel. — Gazz. chim. ital. 9, 118 und 10, 467, Cossa. — Les terres rares, P. Truchot, 1898. — J. pr. Chem. 75, 361, Warren. — Ann. Chem. Pharm. 159, 36, Knop. — Ebenda 120, 178, Deville. — Chem. Ztg. 1896, 273, Moissan und Lengefeld.

A. Dreiwerthige Metalle.

1. Yttrium-Verbindungen.

a) Verbindungen des Yttriums mit Sauerstoff.

Yttriumoxyd, (Yttria), Y_2O_3.

Das Yttriumoxyd wird durch Glühen des Hydrats, Nitrats, Oxalats, Karbonats bei Luftzutritt erhalten. Es ist ein zartes, weisses, schweres Pulver vom spec. Gew.: 5,028 bis 5,046. — Es giebt mit Borax eine ungefärbte Perle. Es ist eine starke Base. — In kalter Salzsäure, Salpetersäure, verdünnter Schwefelsäure ist es schwer, beim Erwärmen jedoch vollkommen löslich.

Yttriumhydroxyd, $Y_2(OH)_6$.

Das Yttriumhydroxyd wird durch Fällung der Salze des Yttriums mit Ammoniak erhalten, als eine dem Thonerdehydrat ähnliche Masse. Seine Formel ist nach Popp $Y_2(OH)_6 + 3\ H_2O$. Leicht löslich in Säuren, zieht an der Luft schnell Kohlensäure an.

Yttriumsuperoxyd, Y_4O_9.

Das Yttriumsuperoxyd wird durch Einwirken von Wasserstoffsuperoxyd und Ammoniak auf die Lösung des Sulfats oder Nitrats erhalten. (Cleve[1]).

b) Yttriumsalze.

Yttriumchlorid, Y_2Cl_6.

Das Yttriumchlorid wird durch Glühen von Yttria mit Kohle gemengt in Chlor als durchscheinende, nicht flüchtige Masse erhalten.

Beim Glühen von Yttria allein im Chlorstrom entsteht das Yttriumoxychlorid: $Y_2O_2Cl_2$. Das wasserhaltige Chlorid mit 12 Molekülen Wasser: $Y_2Cl_6 + 12\ H_2O$ entsteht beim Lösen von Yttria in Salzsäure; es ist in Alkohol leicht löslich. Das Yttriumchlorid bildet Doppelsalze z. B.: Yttrium-Quecksilberchlorid:

$$Y_2Cl_6, 6\,HgCl_2 + 18\ H_2O.$$

Aehnliche Verbindungen bildet es mit Chlorammonium, Chlorkalium und Chlornatrium.

Yttriumbromid, $Y_2Br_6 + 18\ H_2O$.

Das Yttriumbromid entsteht beim Lösen von Yttria in Bromwasserstoffsäure; es ist leicht löslich in Wasser und Weingeist; in Aether ist es nicht löslich; es bildet beim Abdampfen der Lösung Würfel (Cleve), beim freiwilligen Verdunsten derselben Nadeln (Berlin).

---

1) Bull. soc. chim. [2] **43**, 53.

Yttriumjodid, Y_2J_6.

Das Jodid entsteht beim Lösen von Yttria oder des Hydroxyds in Jodwasserstoffsäure und bildet zerfliessliche Oktaeder und Würfel (Berlin).

Yttriumfluorid, $Y_2Fl_6 + H_2O$.

Das Yttriumfluorid wird als gelatinöser Niederschlag beim Zusatz von löslichen Fluoriden zu den Lösungen der Yttriumsalze erhalten; es ist in Wasser unlöslich, ebenso in Fluorwasserstoffsäure; in Mineralsäuren jedoch löslich.

Kieselfluoryttrium.

Diese Verbindung entsteht beim Lösen von Yttriumhydroxyd in Kieselfluorwasserstoffsäure; sie ist leicht zersetzlich unter Abscheidung von Kieselsäure.

Yttriumchlorat, $Y_2(ClO_3)_6 + 16 H_2O$.

Das chlorsaure Yttrium wird durch Wechselzersetzung bei der Einwirkung von Baryumchlorat ($Ba(ClO_3)_2$) auf eine Lösung von Yttriumsulfat erhalten. Es bildet leicht lösliche Nadeln, die beim Erhitzen unter Sauerstoff- und Chlor-Abgabe in ein basisches Chlorid übergehen, welches unlöslich ist.

Yttriumperchlorat, $Y_2(ClO_4)_6 + 16 H_2O$.

Entsteht auf analoge Weise wie das Yttriumchlorat durch Wechselzersetzung aus Baryumperchlorat und Yttriumsulfat; es bildet in Wasser und Weingeist leicht lösliche Krystalle.

Yttriumbromat, $Y_2(BrO_3)_6 + 18 H_2O$.

Eine in Wasser und Aether leicht lösliche, in Weingeist weniger leicht lösliche Verbindung, welche auf analoge Weise wie das Chlorat hergestellt wird, durch Einwirkung von Baryumbromat auf Yttriumsulfat.

Yttriumjodat, $Y_2(JO_3)_6 + 6 H_2O$.

Das Yttriumjodat entsteht durch Einwirkung von Jodsäure auf eine Lösung von Yttriumnitrat als schwerer, weisser käsiger Niederschlag, der in Wasser schwerlöslich (1: 190) ist. Es ist eine leicht zersetzliche Verbindung, die beim Erhitzen unter Feuererscheinung und Explosion zerfällt.

Yttriumperjodat, $Y_2(JO_5)_2 + 8\,H_2O$.

Das Perjodat von obiger Zusammensetzung entsteht durch Zusatz von wässriger Ueberjodsäure auf eine Lösung von Yttriumacetat, so lange sich der entstehende Niederschlag wieder löst und Verdunsten der Lösung (Kraut). Ein anderes Perjodat ist von Cleve erhalten worden. Seine Zusammensetzung wird durch die Formel: $3\,Y_2O,\ 2\,J_2O_7,\ 6\,H_2O$ ausgedrückt und wurde dargestellt durch Zusatz von überschüssiger Yttriumacetatlösung zu wässriger Ueberjodsäure als weisser Niederschlag.

Yttriumsulfit, $Y_2(SO_3)_3 + 3\,H_2O$.

Entsteht durch Zusatz einer Alkalisulfatlösung zu der Lösung eines Yttriumsalzes oder beim Behandeln von Yttriumhydroxyd mit wässriger schwefliger Säure; es ist in Wasser unlöslich, in wässriger schwefliger Säure etwas löslich (Cleve, Berlin).

Yttriumsulfat, $Y_2(SO_4)_3 + 8\,H_2O$.

Das Yttriumsulfat entsteht beim Auflösen von Yttria in Schwefelsäure und Abdampfen der Lösung; es bildet farblose, monokline Krystalle, die mit Kadmiumsulfat und Didymsulfat isomorph sind (Rammelsberg). Das spec. Gew. beträgt 2,52 (nach Cleve), — 2,53 (nach Topsoë). Das wasserfreie Salz ist leichter in Wasser löslich, als das wasserhaltige (Bahr und Bunsen).

100 Theile Wasser von gewöhnlicher Temperatur lösen 15,2 Theile wasserfreies und nur 9,3 Theile wasserhaltiges Yttriumsulfat (Cleve).

Die kalt gesättigte Lösung trübt sich bei 30^0 bis 40^0 und scheidet beim Kochen alles Sulfat aus.

Beim Glühen entweicht Schwefelsäureanhydrid, während basisches Salz zurückbleibt. Beim anhaltenden Glühen entweicht sämmtliche Säure. Es bildet Doppelsalze mit den Alkalisulfaten.

Kalium-Yttrium-Sulfat, $Y_2(SO_4)_3,\ 4\,K_2SO_4$.

Vermischen einer Lösung von 1 Molekül Yttriumsulfat mit einer solchen von 3 Molekülen Kaliumsulfat, resultirt beim Verdunsten dieser Lösung das Doppelsalz von obiger Zusammensetzung; aus der Mutterlauge gewinnt man (nach Cleve) ein Salz von abweichender Zusammensetzung: $2\,Y_2(SO_4)_3,\ 3\,K_2SO_4$.

Das Kalium-Yttrium-Sulfat ist in Wasser sowohl wie in einer Kaliumsulfatlösung leicht löslich, sodass schwefelsaures Kali in den Lösungen der Yttriumsalze keine Fällung hervorruft.

Natrium-Yttrium-Sulfat, $Y_2(SO_4)_3, Na_2SO_4 + 2 H_2O$.

Entsteht beim Verdunsten einer Lösung von 1 Molekül Yttriumsulfat und 3 Molekülen Natriumsulfat (Cleve). Es ist wie das Kalium-Yttrium-Sulfat in Wasser, sowie in einer Natriumsulfatlösung leicht löslich.

Ammonium-Yttrium-Sulfat, $Y_2(SO_4)_3, 2(NH_4)_2SO_4 + 9 H_2O$.

Entsteht analog der Darstellung der anderen Alkali-Doppelsulfate beim Vermischen der Lösungen von 1 Molekül Yttriumsulfat und 2 Moleküle Ammoniumsulfat und Verdunsten der Lösung, wobei es sich in kleinen Tafeln ausscheidet (Cleve).

Yttriumdithionat (Unterschwefelsaures Yttriumoxyd), $Y_2(S_2O_6)_3 + 18 H_2O$.

Dieses ebenfalls von Cleve hergestellte und beschriebene Yttriumsalz entsteht durch Wechselzersetzung beim Vermischen der Lösungen von unterschwefelsaurem Baryt und Yttriumsulfat; es bildet strahlig krystallinische Massen und ist in Wasser leicht, in Alkohol schwerlöslich.

Yttriumselenit (Selenigsaures Yttrium).

1. Das neutrale Salz: $Y_2(SeO_3)_3 + 12 H_2O$ bildet ein weisses Pulver und entsteht als Niederschlag beim Zusatz einer Lösung von überschüssigem selenigsaurem Natron zur Lösung des Yttriumsulfates (Nilson). Ein weisses, nicht krystallinisches Pulver.

2. Das saure Salz: $Y_2O_3, 4 SeO_2, 4 H_2O$ ist in Wasser wenig löslich, dagegen in Salzsäure und Salpetersäure leicht löslich; es entsteht beim Lösen von Yttriumhydroxyd in wässriger seleniger Säure oder beim Fällen einer Yttriumsulfatlösung mit saurer Kaliselenitlauge (Cleve). Krystallinische Nadeln.

Yttriumseleniat (Selensaures Yttrium), $Y_2(SeO_4)_3 + 8 H_2O$ entsteht beim Lösen von Yttria in wässriger Selensäure in der Wärme, woraus es sich in monoklinen Krystallen vom spec. Gew. 2,895 (Topsoë) [2,915 (Petersson)] abscheidet. Nach anderen Angaben enthält es bei gewöhnlicher Temperatur 9 Moleküle Wasser. Es bildet mit Kaliumseleniat und Ammoniumseleniat Doppelsalze: $K_2SeO_4 + Y_2(SeO_4)_3 + 6H_2O$. — $(NH_4)_2SeO_4 + Y_2(SeO_4)_3 + 6H_2O$.

Yttriumnitrat.

a) Das neutrale Salz: $Y_2(NO_3)_6 + 12H_2O$ entsteht beim Lösen von Yttria in Salpetersäure und Verdunsten der Lösung (Cleve). Bei 100^0 getrocknet verliert das Salz $6H_2O$.

b) Das basische Salz: $2Y_2O_3 + 3N_2O_5 + 9H_2O$ entsteht beim Erhitzen des neutralen Nitrats, bis salpetrige Säure auftritt, also partielle Zersetzung vor sich geht; krystallisiert aus der Lösung in wenig heissem Wasser und Verdunsten derselben. — Von reinem Wasser wird es zersetzt. Beim Glühen entweicht alle Salpetersäure und es hinterbleibt reine Yttria.

Yttriumorthophosphat, $Y_2(PO_4)_2$.

Von obiger Zusammensetzung findet sich das Phosphat als Xenotim (s. Theil II).

Beim Fällen einer Lösung von Yttriumnitrat mit ammoniakalischer Orthophosphorsäure entsteht eine wasserhaltige Verbindung von der Zusammensetzung: $Y_2(PO_4)_2 + 4H_2O$ als weisse Gallerte, die allmälig krystallinisch wird.

Beim Fällen einer Yttriumsalzlösung mit einer Lösung von Dinatriumphosphat entsteht: $Y_2(HPO_4)_3$ als amorpher Niederschlag.

Yttriumpyrophosphat, $Y_2H_2(P_2O_7)_2 + 7H_2O$

entsteht beim Lösen des Yttriumhydroxyds in wässriger Pyrophosphorsäure; es bildet mit Natriumpyrophosphat das Doppelsalz: $Y_2Na_2(P_2O_7)_2$, das in rhombischen Prismen krystallisirt (Walroth).

Yttriummetaphosphat, $Y_2(PO_3)_6$

entsteht als schweres Krystallpulver beim Schmelzen von Yttriumnitrat mit überschüssiger Phosphorsäure bei Rothgluth und Ausziehen der Schmelze mit Wasser (Cleve).

Yttriumarseniat.

Das Yttriumarseniat ist in Wasser unlöslich, ebenfalls unlöslich in Essigsäure, leicht löslich in Mineralsäure; es entsteht als voluminöser

Niederschlag beim Fällen einer Yttriumsalzlösung mit einer Alkaliarseniatlösung.

Yttriumchlorostannat, $Y_2Cl_6, 2\,SnCl_4 + 16\,H_2O$

ist von Cleve dargestellt worden (Bull. soc. chim. [2] **31**, 197.)

Yttriumborat

ist in Wasser unlöslich; entsteht als weisser Niederschlag beim Vermischen von Yttriumsalzlösungen mit den Lösungen von einfach- oder zweifach Natriumborat (Berlin).

Yttriumwolframat, $Y_2(WO_4)_3 + 6\,H_2O$

entsteht aus Yttriumsalzlösung, bei Zusatz der Lösung des normalen wolframsauren Natrons (Berlin). Es bildet mit Natriumwolframat ein Doppelsalz, das beim Auflösen von Wolframsäure und Yttriumoxyd in geschmolzenem Natriumwolframat oder in Chlornatrium, in quadratischen Oktaedern auftritt (A. Högborn, Bull. soc. chim. [2]. **42**, 2).

Yttriumkarbonat, $Y_2(CO_3)_3 + 3\,H_2O$.

Das Yttriumkarbonat ist in Wasser unlöslich, in wässrigen Ammoniumsalzen und in wässrigen Alkalikarbonaten löslich. — Beim Fällen einer Yttriumsalzlösung mit überschüssiger Natriumkarbonatlösung entsteht das Karbonat als gallertartiger Niederschlag, der bald krystallinisch wird und kohlensaures Natron enthält. Man erhält auch Yttriumkarbonat beim Einleiten von Kohlensäure in Wasser, in dem Yttriumhydroxyd suspendirt ist. — Beim Glühen des Karbonats entweicht sämmtliche Kohlensäure. Es bildet mit den Alkalikarbonaten Doppelsalze.

Yttrium-Natrium-Karbonat, $Na_2CO_3, Y_2(CO_3)_3 + 4\,H_2O$

bildet lange, seidenglänzende Nadeln (Cleve) und wird erhalten, wenn man Yttriumsalzlösung in eine kochende, wässrige Lösung des neutralen Natriumkarbonats fliessen lässt.

Yttrium-Ammonium-Karbonat, $(NH_4)_2CO_3, Y_2(CO_3)_3 + 2\,H_2O$

wird erhalten beim Verdunsten der Lösung des Yttriumkarbonats in Ammoniumkarbonat oder wenn man Yttriumnitratlösung in überschüssige Lösung von Ammonkarbonat tropfen lässt (Cleve).

Yttrium-Oxalat, $Y_2(C_2O_4)_3 + 9 H_2O$.

Oxalsäure bewirkt in Yttriumsalzlösungen einen weissen, bald krystallinisch werdenden Niederschlag selbst in schwach sauren Lösungen. Das Yttriumoxalat ist in überschüssiger Oxalsäure unlöslich, jedoch in kochendem Ammoniumoxalat etwas löslich; getrocknet stellt es ein zartes, weisses Pulver dar; es bildet mit Kaliumoxalat ein Doppelsalz, welches beim Eintragen von Yttriumoxalat in die erwärmte Lösung von neutralem Kaliumoxalat entsteht (Popp).

Yttriumchromat.

Bei Zusatz einer Lösung des gelben chromsauren Kali zu der Lösung eines Yttriumsalzes entsteht das basische Yttriumchromat. Die Fällung ist sogar quantitativ, wenn die auftretende Säure neutralisirt wird und beruht hierauf eine einfache Methode, Yttriumsalze von Kalksalzen zu trennen (Popp).

Yttriumsulfid, Y_2S_3

von gelbgrüner Färbung entsteht beim Schmelzen von Yttria mit Schwefel und Alkalikarbonat; es ist in Wasser unlöslich; in Säuren unter Schwefelwasserstoff-Entwicklung löslich. Das Yttriumsulfid kann noch auf andere Weise dargestellt werden. So entsteht diese Verbindung beim Erhitzen von Yttriumchlorid in Schwefelwasserstoff oder auch beim Glühen von Yttria in Wasserstoff, der mit Schwefelkohlenstoffdampf gemischt ist (Cleve, Popp). Schwefelammonium wirkt auf die Lösungen der Yttriumsalze wie Ammoniak ein und fällt kein Sulfid, sondern nur Hydrat.

Yttriumcarbid, YC_2

ist von Henri Moisson und Ehardt[1]) dargestellt worden: Yttererde wurde mit Zuckerkohle und Terpentinöl zu einem dicken Brei verarbeitet und im Perrot'schen Ofen geglüht. Das entstandene Produkt wurde dann im elektrischen Ofen erhitzt. Es bildet mikroskopische, gelbe, durchsichtige Krystalle vom spec. Gew.: 4,13.

Mit Wasser liefert es schon in der Kälte ein Gasgemisch von Acetylen, Methan, Aethylen und kleine Mengen von Wasserstoff.

---

[1]) Chem. Ztg. **1896**, 241. — Acad. des. scienc. 9. III. 1896. — Ber. Deutsch. Chem. Ges. **28**, 2419.

2. Erbium-Verbindungen.

a) Verbindungen des Erbiums mit Sauerstoff.

Erbiumoxyd, Er_2O_3

oder Erbinerde wird erhalten beim Glühen des Oxalats oder Nitrats. Sie ist schwer, aber vollständig löslich in Salpetersäure, Schwefelsäure und Salzsäure (Bahr, Bunsen, Cleve). Die Erde ist rein rosenroth und hat das spec. Gew. 8,64. Das Oxyd hat ein ausgezeichnetes Spektrum (Emissions- und Absorptionsspektrum im Roth, Gelb, Grün); es glüht mit intensiv grünem Lichte; bei hoher Temperatur ist die Erde mit einem grünem Schein in der Flamme umgeben.

Erbiumhydroxyd, $Er_2O(OH)_4$.

Versetzt man die Lösung eines Erbiumsalzes mit Alkalilösung, so entsteht ein amethystrother, gallertartiger Niederschlag obiger Zusammensetzung.

Das Erbiumhydroxyd sowie die Erbinerde zersetzen Ammoniaksalze beim Kochen. Das Hydroxyd ist in Säuren leicht löslich (die Erde ist leichter getrocknet als geglüht in Säuren löslich). Die Erbinsalze sind rosenroth.

Erbiumsuperoxyd, Er_2O_5 (Cleve[1]).

Das Superoxyd wurde auf analoge Weise wie das Yttriumsuperoxyd durch Einwirkung von Wasserstoffsuperoxyd und Ammoniak auf die Lösung des Sulfats oder Nitrats erhalten.

b) Erbiumsalze.

Erbiumchlorid, Er_2Cl_6.

Beim Lösen von Erbinerde in Salzsäure und Eindampfen der Lösung resultirt die wasserhaltige Verbindung $Er_2Cl_6 + 12\,H_2O$, welche beim Entwässern sich ins Chlorid und Oxychlorid zersetzt. Die wasserfreie Verbindung erhält man als rosafarbene Krystallmasse beim Glühen von Chlorerbium-Chlorammonium.

Erbiumbromid, $Er_2Br_6 + 18\,H_2O$

entsteht beim Lösen von Erbinerde in Bromwasserstoffsäure und wird hieraus in Form rosafarbener zerfliesslicher Nadeln erhalten.

---

[1]) Bull. soc. chim. [2] **43**, 53.

Erbiumjodid, Er_2J_6.

Auf ähnliche Weise wie die vorige Verbindung erhalten, stellt eine zerfliessliche Masse dar; in Weingeist sehr leicht, in Aether nicht löslich.

Erbiumfluorid, Er_2Fl_6.

Das Erbiumfluorid entsteht, wenn man wässrige Flusssäure zu einer wässrigen Lösung von Erbiumchlorid setzt als Gallerte, die beim Erwärmen in ein schweres Pulver übergeht.

Erbiumchlorat, $Er_2(ClO_3)_6 + 16\ H_2O$.

Durch Wechselzersetzung bei der Einwirkung von Baryumchlorat auf eine Lösung von Erbiumsulfat und nachherigem Fällen des überschüssigen Baryts mit Schwefelsäure erhalten.

Erbiumperchlorat, $Er_2(ClO_4)_6 + 16\ H_2O$.

Entsteht auf analoge Weise wie das Chlorat; es bildet durchsichtige, glänzende, zerfliessliche Nadeln.

Erbiumbromat, $Er_2(BrO_3)_6 + 18\ H_2O$.

Ebenfalls durch Wechselzersetzung auf analoge Weise wie das Chlorat und Perchlorat entsteht das Erbiumbromat; es bildet eine strahlig krystallinische Masse.

Erbiumjodat, $Er_2(JO_3)_6 + 6\ H_2O$

entsteht durch Zusatz von Jodsäure zu einer Erbiumsulfatlösung; es ist in Wasser schwer löslich und amorph. Beim Erhitzen zersetzt es sich.

Erbiumperjodat, $Er_2(JO_5)_2$

wird dargestellt durch Zusatz von soviel Ueberjodsäure zu einer Erbiumnitratlösung, bis sich der entstehende Niederschlag nicht mehr löst und Verdunsten der Lösung; es wird als Krystallrinde erhalten.

Erbiumsulfit, $Er_2(SO_3)_3 + 3\ H_2O$

bildet rosafarbene Sternchen. Darstellung: Man löst Erbiumhydroxyd in wässrige schweflige Säure.

Erbiumsulfat, $Er_2(SO_4)_3 + 8\ H_2O$.

Das Erbiumsulfat bildet gelblichrothe, harte, glänzende monokline Krystalle; entsteht beim Lösen von Erbinerde in Schwefelsäure. Das wasserfreie Salz ist leichter in Wasser löslich als das wasserhaltige. 100 Theile Wasser lösen bei 0^0: 43 Theile wasserfreies Sulfat und bei 20^0: 30 Theile krystallwasserhaltiges = 23 Theile wasserfreies Sulfat. Das spec. Gew. des wasserfreien Salzes ist 3,521, das des wasserhaltigen Salzes = 3,24 (O. Petersson). Das Erbiumsulfat bildet mit den Sulfaten der Alkalimetalle Doppelsalze.

Erbium-Kaliumsulfat, $Er_2(SO_4)_3$, $3\ K_2SO_4$.

Entsteht beim Vermischen der Lösungen der betreffenden Salze und Verdunsten der Lösung; es bildet röthliche Krystalle. Eine wasserhaltige Verbindung von der Zusammensetzung: $Er_2(SO_4)_3$, $K_2SO_4 + 4\ H_2O$ ist von Cleve erhalten worden.

Erbium-Natrium-Sulfat, $Er_2(SO_4)_3$, $5\ Na_2SO_4 + 7\ H_2O$.

Die Darstellung des Natriumsulfatdoppelsalzes geschieht auf analoge Weise wie die des entsprechenden Kalisalzes.

Erbium-Ammonium-Sulfat, $Er_2(SO_4)_3(NH_4)_2SO_4 + 8\ H_2O$ entsteht wie das Kalium- und Natriumsalz; es bildet rosenrothe Prismen, die leicht löslich sind (Cleve).

Erbiumdithionat, $Er_2(S_2O_6)_3 + 18\ H_2O$.

Das unterschwefelsaure Erbiumsalz wird erhalten durch Wechselzersetzung beim Zusatz einer Lösung von Baryumdithionat zu einer Erbiumsulfatlösung; es ist strahlig krystallinisch, in Wasser und Weingeist leicht-, in Aether nicht löslich.

Erbiumselenit.

Vom Erbiumselenit sind drei Verbindungen verschiedener Zusammensetzung erhalten worden:

1. Das neutrale Salz: $Er_2(SeO_3)_3 + 5\ H_2O$, welches beim Zusatz von überschüssigem selenigsauren Natron zu einer Erbiumnitratlösung entsteht.

2. Das saure Salz: Er_2O_3, $4\ SeO_2 + 4\ H_2O$ entsteht wenn man wässrige selenige Säure zur Lösung des neutralen Erbiumselenit setzt; es bildet gelblich weisse Krystalle.

3. Wenn man zu einer Erbiumnitratlösung selenige Säure und Alkohol setzt, entsteht als krystallinischer Niederschlag: Er_2O_3, $4\ SeO_2 + 5\ H_2O$ (Cleve).

Erbiumseleniat.

$Er_2(SeO_4)_3 + 8\ H_2O$ entsteht beim Verdunsten bei 70—80° einer Lösung von Erbinerde in wässriger Selensäure und bildet rosenrothe, sechsseitige, monokline Tafeln; geschieht das Verdunsten bei gewöhnlicher Temperatur, so entstehen durchsichtige röthliche, rhombische Krystalle von der Zusammensetzung:

$$Er_2(SeO_4)_3 + 9\ H_2O.$$

Das Erbiumseleniat bildet mit dem Kalium- und Ammoniumseleniat Doppelsalze von der Zusammensetzung:

$$Er_2(SeO_4)_3,\ K_2SeO_4 + 8\ H_2O$$
$$Er_2(SeO_4)_3,\ (NH_4)_2SeO_4 + 4\ H_2O.$$

Erbiumnitrat.

Es giebt ein neutrales und ein basisches Salz.

1. $Er_2(NO_3)_6 + 12\ H_2O$. Das neutrale Salz entsteht beim Lösen von Erbinerde in Salpetersäure und Verdunsten der Lösung; es bildet luftbeständige Krystalle, die in Wasser, Weingeist und Aether leicht löslich sind.

Eine Verbindung mit anderem Wassergehalt:

$$Er_2(NO_3)_6 + 10\ H_2O$$

ist von Cleve erhalten worden.

2. $2\ Er_2O_3,\ 3\ N_2O_5 + 9\ N_2O$. Das basische Salz entsteht beim Erhitzen des neutralen Nitrats, bis salpetrige Säure auftritt, also partielle Zersetzung vor sich geht und wird aus der Lösung in wenig heissem Wasser in Form hellrosenrother Krystalle erhalten, die von reinem Wasser zersetzt werden. Beim Glühen von Erbiumnitrat hinterbleibt reine Erbinerde.

Erbiumorthophosphat, $Er_2(PO_4)_2 + 2\ H_2O$

Beim Zusatz von Phosphorsäure zur Lösung des Erbiumchlorids als voluminöser Niederschlag erhalten.

Erbiumpyrophosphat, $Er_2H_2(P_2O_7)_2 + 7\ H_2O$.

entsteht beim Lösen von Erbinhydroxyd in wässriger Pyrophosphorsäure.

Ein Natrium-Pyrophosphat von der Zusammensetzung

$$Er_2Na_2(P_2O_7)_2$$

ist in Form röthlicher rhombischer Prismen von Wallroth erhalten worden.

Erbium-Natriumwolframat, $Er_4Na_6(WO_4)_9$

ist als rosa krystallinisches Pulver durch Auflösen von Wolframsäure und Erbinerde in geschmolzenem Natriumwolframat oder Chlornatrium von A. Högborn dargestellt worden[1]).

Erbiumkarbonat, Er_2O_3, $2\ CO_2 + 2\ H_2O$

entsteht nach Höglund beim Einleiten von Kohlensäure in Wasser, in dem Erbinhydroxyd suspendirt ist und bildet nach dem Trocknen rothe, harte Stücke. Ein Doppelsalz des Erbinkarbonats mit dem Natriumkarbonat ist von Cleve dargestellt worden:

$$Er_2(CO_3)_3,\ 5\ Na_2CO_3 + 36\ H_2O.$$

Es wurde zu einer Erbiumnitratlösung soviel überschüssige Natriumkarbonatlösung gesetzt, dass sich der entstandene Niederschlag wieder löst; es bildet rothe Krystalle.

Erbiumoxalat, $Er_2(C_2O_4)_3 + 12\ H_2O$

entsteht beim Zusatz einer Oxalsäurelösung zur Lösung eines Erbiumsalzes, als schweres, sandiges Pulver. Eine Verbindung mit anderem Wassergehalt: $Er_2(C_2O_4)_3 + 9\ H_2O$ ist von Cleve dargestellt worden.

Erbiumformiat, $Er_2(CHO_2)_6 + 4\ H_2O$.

Als wasserfreies Salz fällt das Formiat in Form eines rothen Salzes in der Siedehitze aus saurer Lösung nieder (Cleve); es löst sich in Wasser und giebt beim Verdunsten rothe Krystalle obiger Zusammensetzung.

Erbiumsulfid, Er_2S_3.

Beim Ueberleiten von Wasserstoff, der mit Schwefelkohlenstoffdämpfen gemischt ist, über weissglühende Erbinerde ist von Högland das Sulfid dargestellt worden.

---

1) Bull. soc. chim. [2] **42**, 2.

3. Terbium-Verbindungen.

a) Verbindungen des Terbiums mit Sauerstoff.

Terbinoxyd, Tr_2O_3

oder Terbinerde ist eine orangegelbe Erde, die beim Glühen in Wasserstoff rein weiss wird und nicht wieder die gelbe Farbe annimmt. Durch Glühen aus dem Oxalat erhalten, ist die Erde hellgelb, sie löst sich in verdünnten Säuren zu farblosen Salzen, sie löst sich vollständig in Chlorwasser.

Terbinhydroxyd, Tr_2O_3, 6 H_2O

entsteht durch Fällung einer Terbinsalzlösung in der Hitze mit überschüssigem Alkali als weisser gallertartiger Niederschlag; es treibt aus Ammoniumsalzen Ammoniak aus und zieht aus der Luft Kohlensäure an; es löst sich in verdünnten Säuren zu farblosen Salzen.

b) Terbinsalze.

Terbinsulfat, $Tr_2(SO_4)_3 + 8\ H_2O$

ist die Zusammensetzung des bei 100^0 abgeschiedenen Sulfats; es bildet röthliche Krystalle, die dem Yttriumsulfat und dem Didymsulfat isomorph sind. Das Terbinsulfat bildet mit dem Kaliumsulfat ein Doppelsalz, von der Zusammensetzung: $Tr_2(SO_4)_3$, 3 K_2SO_4.

Dasselbe ist in einer Lösung von Kaliumsulfat schwer löslich, in Wasser dagegen leicht löslich.

Terbinnitrat, $Tr_2(NO_3)_6 + 12\ H_2O$.

Das neutrale Nitrat wird auf analoge Weise wie das Erbinnitrat erhalten und verhält sich auch ganz analog diesem; es ist weiss, etwas zerfliesslich und bildet beim Erhitzen, bis salpetrige Säure entweicht, also eine partielle Zersetzung eintritt, ein basisches Salz. Bei anhaltendem Glühen bleibt schliesslich Terbinoxyd übrig.

Terbinkarbonat, $Tr_2(CO_3)_3 + xH_2O$

entsteht bei Zusatz einer Natriumkarbonatlösung zu einer Terbinsalzlösung. Es ist im Ammoniumkarbonat weniger löslich als das Yttriumkarbonat.

Terbinformiat, $Tr_2(CHO_2)_6$

bildet weisse amorphe Krusten und ist dadurch ausgezeichnet, dass sich gleichviel in kaltem und heissem Wasser löst, von deren jedem ca. 30 Theile für 1 Theil Terbinformiat nöthig sind.

Terbinacetat

bildet kleine durchsichtige, farblose Prismen; es ist viel schwerer löslich als das entsprechende Didymsalz; es verbrennt leicht beim Erhitzen.

4. Ytterbium-Verbindungen.

a) Verbindungen von Ytterbium und Sauerstoff.

Ytterbiumoxyd, Yb_2O_3.

Die Ytterbinerde entsteht beim Glühen des Hydroxydes; sie löst sich in der Siedehitze in verdünnten Säuren. Das spec. Gew. der Erde beträgt 9,175; sie hat ein ausgezeichnetes Funkenspektrum.

Ytterbiumhydroxyd, $Yb_2O_3\ 6H_2O$

entsteht beim Fällen einer Ytterbiumsalzlösung mit Ammoniak als gallertartiger Niederschlag, der aus der Luft Kohlensäure anzieht. Das Hydroxyd ist in Säuren leicht löslich. Das durch Kalihydrat gefällte Ytterbiumhydrat löst sich leicht beim Einleiten von Chlor (Marignac).

b) Ytterbiumsalze.

Ytterbiumsulfat, $Yb_2(SO_4)_3 + 8H_2O$.

Eine in Wasser, selbst bei Siedehitze langsam lösliche Verbindung, dagegen in gesättigter Kaliumsulfatlösung leicht löslich; bildet wasserhelle Säulen vom spec. Gew. 3,286. Es kann hohe Temperaturen vertragen, erst bei Weissgluth resultirt reines Ytterbiumoxyd.

Ytterbiumselenit.

1. Das neutrale Salz $Yb_2(SeO_3)_3$ entsteht aus Ytterbiumsulfatlösung und Natriumselenitlösung, als weisser, voluminöser, unlöslicher Niederschlag.

2. Das saure Salz: $Yb_2(SeO_3)_3 + H_2SeO_3 + 4H_2O$ hinterbleibt beim Verdampfen des neutralen Salzes mit überschüssiger seleniger Säure.

Ytterbiumnitrat

verhält sich ganz wie Yttriumnitrat. Beim Erhitzen verliert es Krystallwasser, zuletzt salpetrige Säure; es tritt partielle Zersetzung ein und es entsteht basisches Salz; auch das basische Salz ist in Wasser leicht löslich.

Ytterbiumoxalat, $Yb_2(C_2O_4)_3 + 10H_2O$

bildet einen krystallinischen Niederschlag beim Vermischen einer warmen Ytterbiumsulfatlösung mit Oxalsäurelösung; ist in Wasser und verdünnten Säuren nahezu unlöslich.

Ytterbiumformiat, $Yb_2(CHO_2)_6 + 4H_2O$

löst sich in weniger als seinem gleichen Gewicht Wasser, es krystallisirt wie die Formiate des Yttriums und Erbiums; es zersetzt sich beim Erhitzen unter Aufblähen (Marignac).

5. Scandium-Verbindungen.

a) Verbindungen von Scandium und Sauerstoff.

Scandiumoxyd, Sc_2O_3

entsteht beim Glühen des Hydrats, Sulfats, Nitrats und Oxalats; es löst sich in den Säuren: Salpetersäure, Salzsäure, Schwefelsäure nicht in der Kälte, wohl aber beim Kochen. Das spec. Gew. ist 3,864; es hat ein helles Funkenspektrum, aber kein Absorptionsspektrum.

Scandiumhydroxyd, Sc_2O_3, $6H_2O$

bildet sich bei Zusatz von Ammoniak zu den Scandiumsalzlösungen als voluminöse, gelatinöse Masse, die beim Glühen eine harte, porzellanartige Erde giebt.

b) Scandiumsalze.

Scandiumsulfat, $Sc_2(SO_4)_3$

stellt eine weisse, opake Masse dar, vom spec. Gew. 2,579; es ist in Wasser leicht löslich, beim Erwärmen löst es sich sofort. Beim

Stehen der bis zur Syrupdicke eingedampften Lösung des Scandiumsulfats scheidet sich eine wasserhaltige Verbindung von der Zusammensetzung $Sc_2(SO_4)_3 + 6\,H_2O$ ab, die in Wasser leicht löslich und an der Luft beständig ist. Bei hoher Temperatur giebt es Schwefelsäure ab; es vereinigt sich mit dem Kaliumsulfat zu einem Doppelsalz.

Scandium-Kalium-Sulfat, $Sc_2(SO_4)_3, 3\,K_2SO_4$

entsteht beim Zusatz einer gesättigten Kaliumsulfatlösung zu einer wässrigen Scandiumsulfatlösung; es ist in kaltem Wasser langsam, in warmem leichter löslich; in gesättigter Kaliumsulfatlösung ist es ganz unlöslich.

Scandiumselenit, $Sc_2(SeO_3)_3 + H_2O$.

Dieses neutrale Salz entsteht als weisser amorpher unlöslicher Niederschlag beim Fällen einer Scandiumsulfatlösung mit einer Lösung von Natriumselenit. Wird die Lösung des neutralen Salzes mit überschüssiger seleniger Säure verdampft, so erhält man das saure Salz oder das Scandiumdiselenit von der Formel: $Sc_2(SeO_3)_3 + 3\,SeH_2O_3$, welches in Wasser und kalter verdünnter Salzsäure unlöslich, leicht aber in heissen Säuren löslich ist.

Scandiumnitrat

krystallisirt aus syrupdicker Lösung in Säulen. Es erleidet beim Kochen mit Wasser eine partielle Zersetzung: es wird ein Theil der Scandinerde unlöslich und bildet eine weisse, lockere, unlösliche Fällung, die kaum mehr Salpetersäure enthält. Scandiumnitrat geht beim Erhitzen viel leichter als Ytterbiumnitrat in basisches Salz über, das aber unlöslich ist.

Scandiumoxalat, $Sc_2(C_2O_4)_3 + 6\,H_2O$.

Beim Zusatz von Oxalsäurelösung zu einer Scandiumsulfatlösung erhält man Scandiumoxalat als voluminösen, bald krystallinisch werdenden Niederschlag; derselbe ist in reinem und schwefelsäurehaltigem Wasser wenig löslich. Das Scandiumoxalat ist überhaupt in Säuren löslicher als die unlöslichen der anderen Erden; es wird daher von Oxalsäure in saurer Lösung nicht ausgefällt und kann auf diese Weise von Ytterbiumsalzen getrennt werden.

6. Decipiumverbindungen.

a) Decipium und Sauerstoff.

Decipiumoxyd, Dp_2O_3

bildet die fahlgelbe Erde (Decipinerde); in Wasserstoff geglüht, wird das Oxyd milchweiss; bei sehr starkem Glühen bleibt es weiss.

Decipiumhydroxyd, $Dp_2O_3, 6H_2O$

entsteht als weisse Gallerte und ist in kaustischen Alkalien unlöslich.

b) Decipiumsalze.

Decipiumjodat, $Dp_2(JO_3)_6 + 6H_2O$

ist ein weisser Niederschlag, der in Wasser kaum löslich ist; bei starkem Erhitzen tritt Zersetzung unter Abscheidung von Jod ein.

Decipiumsulfat, $Dp_2(SO_4)_3 + 24H_2O$

krystallisirt aus seiner Lösung beim Verdunsten unterhalb 35°.

Setzt man Alkohol zu der wässrigen Decipiumsulfatlösung, so erhält man ein Sulfat mit geringerem Wassergehalt: $Dp_2(SO_4)_3 + 9H_2O$. Beim Glühen tritt vollständige Zersetzung ein und es hinterbleibt Decipinerde.

Decipiumoxalat, $Dp_2(C_2O_4)_3 + 12H_2O$

ist ein weisser amorpher Niederschlag, der in Wasser und verdünnter Salpetersäure unlöslich ist.

Decipiumformiat, $Dp_2(CHO_2)_6$

entsteht beim Eintragen von Decipinerde in heisser Ameisensäure; es ist in der zwei- bis dreifachen Menge Wasser löslich und bildet getrocknet ein weisses Pulver.

Decipiumacetat, $Dp_2(C_2H_3O_2)_6 + 9H_2O$

krystallinische Verbindung.

7. Samarium-Verbindungen.

a) Samarium und Sauerstoff.

Samariumoxyd, Sm_2O_3.

Das Oxyd ist weissgelblich; es löst sich leicht in Säuren. Das spec. Gew. ist 8,347 [1]). Ist stets von Didym begleitet, wovon man es mittels fraktionirter Fällung durch Ammoniak trennt.

Samariumsuperoxyd, Sm_4O_9

entsteht als gelatinöser Niederschlag beim Vermischen einer Samariumsalzlösung mit Wasserstoffsuperoxyd und Ammoniak.

Samariumhydroxyd, $Sm_2O_3, 6\,H_2O$

bildet eine weisse Gallerte; das Hydroxyd hat stark basische Eigenschaften: es treibt aus Ammoniumsalzen beim Kochen das Ammoniak aus; es ist leicht löslich in Säuren, unlöslich in Alkalien und ist eine stärkere Base als Yttererde und Terbinerde, aber schwächer als Didymoxyd.

b) Samariumsalze.

Samariumchlorid, $SmCl_3 + 6\,H_2O$

bildet grosse zerfliessliche Krystalle vom spec. Gew. 2,383. Das Samariumchlorid bildet mit Platinchlorid ein Doppelsalz von der Zusammensetzung $SmCl_3PtCl_4 + 10^1/_2\,H_2O$, welches aus orange gefärbten Prismen besteht vom spec. Gew. 2,712.

Samariumoxychlorid, $Sm_2O_2Cl_2$

entsteht durch Erhitzen des Samariumoxyds im Chlorstrom und ist ein weisser, hygroskopischer Körper.

Samariumbromid, $Sm_2Br_6 + 12\,H_2O$

entsteht beim Lösen von Samariumoxyd in Bromwasserstoffsäure und Verdunsten der Lösung neben Schwefelsäure; es hat das spec. Gew. 2,971 und bildet topasgelbe, zerfliessliche Krystalle.

Samariumoxybromid, $Sm_2O_2Br_2$

entsteht durch Erhitzen des Bromids und ist ein glimmerartiger Körper.

---

1) Cleve, Journ. Chem. Soc. **1883**.

Das Golddoppelsalz des Samariumbromids: Sm_2Br_6, 2 $AuBr_3$ + 20 H_2O hat das spec. Gew. 3,39 und bildet braune rhombische Krystalle.

Samariumfluorid, $Sm_2Fl_6 + H_2O$

entsteht beim Zusatz von Fluorwasserstoffsäure zu einer Samariumsalzlösung als weisser durchscheinender Niederschlag.

Samariumplatincyanid, 2 $Sm(CN)_3$, 3 $Pt(CN)_2$ + 18 H_2O

bildet gelbe Prismen mit bläulichem Reflex.

Samariumjodat, $Sm_2(JO_3)_6$ + 12 H_2O

ist ein weisser, voluminöser, amorpher Niederschlag.

Samariumorthophosphat, $Sm_2(PO_4)_2$.

Das Orthophosphat wird erhalten durch Lösen von Samariumoxyd in geschmolzenem Natriummetaphosphat und Ausziehen der Schmelze mit Wasser, wobei es zurückbleibt; es hat das spec. Gew. 7,5.

Samariumpyrophosphat, $Sm_2(HP_2O_7)_2$ + 7 H_2O

wird durch Auflösen des Samariumhydroxyds in Pyrophosphorsäure erhalten und krystallisirt daraus in körnigen Krystallen.

Samariummetaphosphat, Sm_2O_3, 3 P_2O_5

entsteht beim Eintragen des Samariumsulfats in geschmolzener Metaphosphorsäure und bildet ein gelblich weisses Pulver.

Samariumbromat, $Sm_2(BO_3)_2$

bildet glimmerähnliche Krystallblättchen vom spec. Gew. 6,048 bei 16,4^0; es entsteht beim Eintragen von Samariumoxyd in geschmolzenen Borax und nachherigem Behandeln der Schmelze mit verdünnter Chlorwasserstoffsäure.

Samariumkarbonat, $Sm_2(CO_3)_2$ + 3 H_2O

entsteht beim Fällen des Samariumnitrats mit Ammoniak und Behandeln des gallertartigen Niederschlags mit Kohlensäure; es bildet mikroskopische Krystalle. Das Samariumkarbonat bildet Doppelsalze mit den Karbonaten der Alkalien.

Samariumkaliumkarbonat, $Sm_2(CO_3)_2$, $K_2CO_3 + 12\,H_2O$ wird aus einer Samariumnitratlösung mittels Kaliumbikarbonatlösung erhalten in Form glänzender Krystalle.

Samariumnatriumkarbonat, $Sm_2(CO_3)_2$, $Na_2CO_3 + 16\,H_2O$ bildet ein gelblich weisses Pulver.

Samariumammoniumkarbonat, $Sm_2(CO_3)_2$, $(NH_4)_2CO_3 + 4\,H_2O$ wird analog dem Kalisalz aus Samariumnitratlösung mittels Ammoniumbikarbonatlösung erhalten als schweres Pulver.

Samariumoxalat, $Sm_2(C_2O_4)_3 + 10\,H_2O$

wird auf gewöhnliche Weise erhalten; es bildet mit Kaliumoxalat das Doppelsalz: $Sm_2K_2(C_2O_4)_4 + 5\,H_2O$.

Samariumperjodat, $Sm_2(JO_5)_2 + 8\,H_2O$

entsteht beim Zusatz von Ueberjodsäure zu einer Samariumacetat- oder Samariumnitrat-Lösung; es bildet hellgelbe Prismen vom spec. Gew. 3,793.

Samariumsulfit, $Sm_2(SO_3)_3$

entsteht beim Erhitzen einer Lösung von Samariumoxyd in wässriger schwefliger Säure und stellt ein weisses, amorphes Pulver dar.

Samariumsulfat, $Sm_2(SO_4)_3 + 8\,H_2O$

wird erhalten durch Eindampfen einer Samariumnitratlösung mit einem Überschuss von Schwefelsäure und bildet topasgelbe Krystalle vom spec. Gew. 2,93 bei 18°, im wasserfreien Zustande hat es das spec. Gew. 3,898. Das Samariumsulfat ist weniger leicht löslich als das entsprechende Didymsalz.

Samariumhyposulfit

entsteht aus einer Samariumsulfatlösung bei Zusatz von Baryumhyposulfitlösung und bildet lange, dünne Nadeln.

Samariumsulfat bildet mit den Sulfaten der Alkalien Doppelsalze.

Samariumkaliumsulfat. $2\,Sm_2(SO_4)_3$, $9\,K_2SO_4 + 3\,H_2O$ eine wenig lösliche Verbindung.

Samariumnatriumsulfat, $Sm_2(SO_4)_3$, $Na_2SO_4 + 2\,H_2O$.

Samariumammoniumsulfat, $Sm_2(SO_4)_3$, $(NH_4)_2SO_4 + 8\,H_2O$ bildet Krystalle vom spec. Gew. 2,675 bei 18,4°, im wasserfreien Zustande beträgt das spec. Gew. 3,191 bei 18°.

Alle diese Doppelsalze des Samariumsulfats mit den Alkalisulfaten werden aus den gesättigten Lösungen der Komponenten erhalten.

Samariumselenit, Sm_2O_3, $4\,SeO_2 + 5\,H_2O$

ist ein mikrokrystallinischer Niederschlag und: $3\,Sm_2O_3$, $8SeO_2 + 7\,H_2O$ (dargestellt durch Einwirkung einer Natriumselenitlösung auf eine Lösung von Samariumsulfat), ein gallertartiger Niederschlag.

Samariumseleniat, $Sm_2(SeO_4)_3 + 8\,H_2O$.

Das Seleniat ist löslicher als das Sulfat; es bildet gelbe Krystalle vom spec. Gew. 3,327 bei 13°. Unterhalb 10° krystallisirt dieses Salz mit $12\,H_2O$ und hat dann das spec. Gew. 3,01 bei 10°. Im wasserfreien Zustande: $Sm_2(SeO_4)_3$ hat es das spec. Gew. 4,077 bei 10°.

Das Samariumseleniat bildet mit dem Kaliumseleniat und dem Ammoniumseleniat Doppelsalze.

1. $Sm_2(SeO_4)_3$, $K_2SeO_4 + 6\,H_2O$, welches topasgelbe Krystalle bildet, deren spec. Gew. im wasserhaltigen Zustande 3,553 bei 14°, im wasserfreien 4,113 bei 10° beträgt.

2. $Sm_2(SeO_4)_3$, $(NH_4)_2SeO_4 + 6H_2O$; kleine gelbe Tafeln, deren spec. Gew. im wasserhaltigen Zustande 3,263 bei 15°, im wasserfreien Zustande 3,805 beträgt.

Samariumnitrat, $Sm(NO_3)_3 + 6\,H_2O$

bildet hellgelbe leicht lösliche Prismen.

Samariumchromat

ist als Kaliumdoppelsalz hergestellt worden: $Sm_2K_2(CrO_4)_4 + 6\,H_2O$; es entsteht als gelber Niederschlag bei Fällen einer Samariumsalzlösung mit einer Lösung von Kaliummonochromat.

Samariummolybdat, $Sm_2(MoO_4)_3$

entsteht als weisser Niederschlag beim Zusetzen einer Ammoniummolybdatlösung im Ueberschuss zu einer Samariumnitratlösung;

krystallinisch, von Diamantglanz und violetter Farbe, entsteht es in Form rhombischer Oktaeder beim Schmelzen von Molybdänsäure mit Samariumoxalat und Chlornatrium; es hat dann das spec. Gew. 5,95. Das

Natriumdoppelsalz, $Sm_2Na_2(MoO_4)_4$

bildet mikrokrystallinische Nadeln von violetter Farbe und dem spec. Gew. 5,265.

Samariummetawolframat, $Sm_2O_3, 12\,WO_3 + 35\,H_2O$

ist leicht löslich und bildet gelbe Krystalle vom spec. Gew. 3,994 bei 18°. Das

Natriumdoppelsalz, $Na_6Sm_4(WO_4)_9$.

Samarium-Natriumwolframat entsteht beim Auflösen von Wolframsäure und Samariumoxyd in geschmolzenem Natriumwolframat oder Chlornatrium; es bildet dann quadratische Krystalle (Högbom).

Samariumvanadat

ist als Orthosalz bekannt und bildet einen hellgelben amorphen Niederschlag beim Zusatz einer metavanadinsauren Alkalilösung zu einer Samariumsalzlösung.

Samariumsulfid

entsteht beim Erhitzen von Samariumoxyd in mit Schwefelkohlenstoffdampf gemischtem Schwefelwasserstoff.

Samariumacetat, $Sm(C_2H_3O_2)_3 + 4\,H_2O$.

Krystallisirt in Prismen. Wenig löslich in Wasser.

8. Cer-Verbindungen.

a) Cer und Sauerstoff.

Cersesquioxyd, Ce_2O_3 (Cerooxyd, Ceroxydul)

entsteht beim Erhitzen des Oxalats oder Karbonats im Wasserstoffstrom[1]), es wurde krystallinisch erhalten von Nordenskjöld[2]) bei

1) Rammelsberg, Pogg. Ann. **108**, 40.

2) Pogg. Ann. **114**, 616.

vierundzwanzigstündigem Erhitzen von Cerdioxyd mit Borax; es bildet dann Krystalle vom spec. Gew. 6,937. Ist eine stärkere Base als das Dioxyd und setzt sich leicht in dasselbe um, durch Aufnahme von Sauerstoff.

Cersesquioxydhydrat, Ce_2O_3, $6\,H_2O$

entsteht bei Zusatz einer Aetzkalilösung zu der Lösung eines Cerosalzes als weisser voluminöser Niederschlag, der nach Rammelsberg an der Luft sich oxydirt und Kohlensäure aufnimmt und dadurch ins Cerokarbonat und ins Cerdioxydhydrat übergeht.

Cerdioxyd, CeO_2 (Cerioxyd)

entsteht beim Erhitzen von Oxalat, Karbonat, Nitrat und Sesquioxyd an der Luft; es ist weiss bis citronengelb vom spec. Gew. 5,03. Im Wasserstoffstrom geglüht, geht es in Ceroxydul über. Das Cerdioxyd löst sich in Chlorwasserstoffsäure zu Cersesquichlorid, unter gleichzeitiger Chlorentwicklung. Aus Jodkaliumlösung und Salzsäure macht es beim Erwärmen Jod frei. In verdünnten Säuren ist es in der Kälte leicht löslich; sind indessen Reduktionsmittel zugegen, so entstehen Cerosalze.

Beim Lösen des Cerdioxyds in starker Salpetersäure wird dasselbe unter starker Sauerstoff-Entwicklung zu Cersesquioxyd reducirt; es ist also in dem durch Glühen des Oxalats erhaltenen Ceroxyd nicht ein Theil des Cers als Cersesquioxyd vorhanden, sondern ein Theil des Cerdioxyds wird beim Lösen in starker Salpetersäure reducirt. Durch die Sauerstoff-Entwicklung beim Lösen des Cerdioxyds in Salpetersäure wird bewiesen, dass das Cerdioxyd ein Polyoxyd vom Typus des Bleisuperoxyds, Mangansuperoxyds etc. ist, jedoch leichtere Salze bildet, als letztere; ebenso kann es aus Cersesquioxyd durch verschiedene Oxydationsmittel wie Chlor, Bleisuperoxyd, Kaliumpermanganat, Natriumsuperoxyd, Wasserstoffsuperoxyd u. dergl. dargestellt werden.

Leitet man Chlor zu in alkalischer Flüssigkeit suspendirtes Cersesquioxydhydrat, so entsteht Cerihydroxyd (Rammelsberg).

Cerdioxydhydrat, $2\,CeO_2 \cdot 3\,H_2O$

entsteht ausser nach der Chlormethode auch beim Fällen einer Cerisulfatlösung mit Kalilauge als schwefelgelbes Pulver.

Cerperoxyd, CeO_3

wird erhalten, wenn man zu einer Cersulfatlösung Wasserstoffsuperoxyd und Ammoniak setzt, als orangegelbes Pulver[1]). Das Cerperoxyd wird auf einfache Weise nach André Job[2]) folgendermassen dargestellt: Zu einer concentrirten Lösung von Kaliumkarbonat giesst man allmälig zu gleichen Molekülen: Wasserstoffsuperoxyd, dann ammoniakalisches Cerinitrat, schüttelt einige Augenblicke und hat dann eine klare Flüssigkeit, die bis 40 g Cerdioxyd auf 280 g Alkalikarbonat enthält. Diese Lösung ist, wie Sauerstoffverbindungen gezeigt haben, beinahe vollständig peroxydirt. — Das in dem Alkalikarbonat gelöste Cer kann also in drei Formen auftreten: als Ceroverbindung, entspr. dem Oxyd Ce_2O_3, als Ceri- (entspr. CeO_2) und als Perceriverbindung (entspr. CeO_3).

Die hierbei vorgenommene Sauerstoffbestimmung beruht darauf, dass Ferronatriumpyrophosphat alles Cer zu Cerosalz reducirt. Man giesst die oxydirende Cerperoxydlösung in einen Ueberschuss der Ferrosalzlösung und bestimmt mittels Kaliumpermanganat den Rest des reducirenden Agens.

Das Cerperoxyd bildet mit Kaliumkarbonat eine Doppelverbindung:

Doppelkarbonat des Cerperoxyds:

$$(CO_3)_3, Ce_2O_3, 3\,CO_3K_2 + 12\,H_2O$$

bildet blutrothe Krystalle und wird erhalten durch Verdunsten der Lösung des Cerperoxyds in Kaliumkarbonat[3]).

Ceroxydoxydul, Ce_3O_4 oder $CeO_2 . 2\,CeO$

wird auf einfache Weise nach Verneuil und Wyrouboff dargestellt durch Calciniren des Oxalats, Lösen in concentrirter Salpetersäure, Verdampfen zur Syrupkonsistenz, Hinzufügen von Ammoniumnitratlösung, Verdünnen mit dem zwanzigfachen Volumen Wasser und Erhitzen zum Sieden. Der entstandene gelbgefärbte Niederschlag stellt nach dem Auswaschen mit 5 %iger Ammoniumnitratlösung und nach dem Glühen reines Ce_3O_4 dar.

Polymere. Die beiden sehr charakteristischen Eigenschaften der Oxyde der seltenen Erden, sehr leicht Polymere zu bilden und sich

---

1) Cleve, Compt. rend. **100**, 605 und Lecoq de Boisbaudran, Bull. soc. chim. [2] **43**, 57.

2) André Job, Acad. des sc. 9. I. 1899. Chem. Ztg. **1899**, 85.

3) André Job, Acad. des sc. 1. V. 1899. Chem. Ztg. **1899**, 424.

unter einander zu verbinden, um komplexe, gleichfalls polymerisirbare Oxyde zu geben, haben Wyrouboff und Verneuil[1]) näher studiert. Danach polymerisirt sich am leichtesten das Ceroso-Cerioxyd; man kann sogar sagen, dass dieses Oxyd im normalen Zustande frei nicht existirt. Die diesbezüglichen Versuche seien hier angeführt: Wenn man das Hydrat dieses Oxydes, erhalten nach irgend einem der bekannten Verfahren, in Salpetersäure auflöst, so konstatirt man, dass diese Lösung auf Zusatz von Wasser einen reichlichen Niederschlag giebt. Derselbe entsteht nicht mehr, wenn man die Lösung einige Zeit erhitzt hat oder wenn man dieselbe einige Stunden sich selbst überlassen hat. Der so erhaltene Niederschlag ist ein gelatinöser, weisser Körper, getrocknet dem Bernstein ähnlich, ganz löslich in Wasser, fällbar aus seiner wässrigen Lösung, welche stark saure Reaktion hat, durch verdünnte Salpetersäure oder Salzsäure, aber löslich in der Wärme in den concentrirten Säuren. Die Analyse führte zur Formel $(Ce_3O_4)NO_3H$. Das Oxyd, welches man hieraus gewinnt, durch Behandlung mit einem Alkali, ähnelt im Augenblicke seiner Fällung durchaus nicht dem aus einem neutralen Salze, z. B. dem Nitrat $(Ce_3O_4)\,4\,N_2O_5$, gefällten Oxyde. Es ist im feuchten Zustande weiss, trocken gelb und hornartig. Durch Salzsäure in der Wärme wird es nur schwer reducirt; mit einem Ueberschuss von Salpetersäure bildet es die Verbindung $(Ce_3O_4)NO_3H$ wieder. Dies ist also ein Polymeres des gewöhnlichen Oxydes, aber es ist nicht das einzigste.

Bei Einwirkung von Salpetersäure auf das, durch Glühen (Temperatur 500^0 nicht übersteigend) des Oxalats erhaltene Oxyd, wobei zu bemerken ist, dass die angewandte Säure so schwach wie möglich sei (2—3 %), wandelt sich das gelbe Oxyd schnell in einen weissen gelatinösen Körper um, welcher nach dem Dekantiren der überstehenden sauren Flüssigkeit mit Wasser eine sehr milchige Lösung mit stark saurer Reaktion giebt. Dieser Körper, einmal getrocknet, erträgt eine Temperatur von 130^0, ohne sich zu zersetzen; er ist blassgelb, in dünnen Schnitten kaum durchscheinend; die Analyse führt zu der Formel $(Ce_3O_4)_5NO_3H$. Das Oxyd, welches man daraus durch Alkalien gewinnt, ist in feuchtem Zustande weiss, im trocknen hellgelb und undurchsichtig; selbst concentrirte und kochende Salzsäure reducirt nur Spuren hiervon.

Es existirt noch ein drittes Polymeres, welches man erhält durch

[1]) Acad. des sc. 28. XI. 1898. Chem. Ztg. **1898**, 1049.

Glühen des vorhergehenden Oxyds bei 1500⁰; es wird dann ganz weiss und ist nicht mehr angreifbar durch concentrirte Salpetersäure im geschlossenen Rohr. Weitere Versuche haben nur ergeben, dass die Formeln für die Verbindungen $(Ce_3O_4)NO_3H$ und $(Ce_3O_4)_5NO_3H$ vereinfacht werden müssen und dass

1. die beiden löslichen Nitrate sind: $(Ce_3O_4)_4\ 2\,H_2N_2O_6$ und $(Ce_3O_4)_{20}\ 2\,N_2\ H_2O_6$, während
2. die unlöslichen Sulfate sind:

$$(Ce_3O_4)_4\ H_2SO_4 \text{ und } (Ce_3O_4)_{20}\ H_2SO_4,$$

3. das bei 1500⁰ erhaltene weisse Oxyd wird also $(Ce_3O_4)n_{>20}$ sein.

Es ist übrigens leicht, das Oxyd $(Ce_3O_4)_{20}$ zu depolymerisiren; es genügt, dasselbe auf 180⁰ im geschlossenen Rohr mit einem Ueberschuss von Salpetersäure zu erhitzen. Es löst sich dann, die Flüssigkeit färbt sich gelb; in diesem Momente ruft Zusatz von Wasser die Fällung des Körpers $(Ce_3O_4)_4\ 2\,H_2N_2O_6$ hervor.

Wenn die Einwirkung länger gedauert hat, wird die Flüssigkeit roth, Wasser bewirkt keine Fällung mehr; man hat dann den normalen Körper $(Ce_3O_4)\,4\,N_2O_5$; bei einer noch längeren Einwirkung entfärbt sich die Lösung und die Flüssigkeit enthält nur noch Oxydulnitrat. Was das Oxyd $(Ce_3O_4)_4$ anbetrifft, so depolymerisirt es sich leicht bei Berührung mit heisser Salpetersäure.

b) Ceriumsalze.

α) Cerosalze, (Cersesquioxydsalze)

Cerchlorür, Ce_2Cl_6 (Cersesquichlorid, Cerochlorid)

entsteht beim Verbrennen von Cer in Chlor oder beim Glühen eines Gemenges von Cersesquioxyd und Kohle im Chlorstrom; es bildet eine gelblichweisse Verbindung; es entsteht ferner beim Erhitzen von Ceroxalat in Salzsäure bei 120—130⁰ (Robinson) und bei Einwirkung von Salzsäure auf Cerdioxyd[1]. Sein spec. Gew. ist 3,88. Das Cerchlorür bildet Doppelsalze durch Vermischen der Lösungen der Komponenten:

$$2\,Ce_2Cl_6, 3\,PtCl_4 + 24\,H_2O. \quad Ce_2Cl_6, Au_2Cl_6 + 10\,H_2O.$$

Beim Kochen des Cerchlorürs mit Wasser entsteht das Ceroxychlorid: $Ce_2O_2Cl_2$, das silberglänzende Blättchen bildet[2].

---

1) Mosander, Jolin, Beringer.

2) Didier, Compt. rend. **107**, 882.

Cerbromür, Ce_2Br_6 (Cersesquibromid)
bildet zerfliessliche Nadeln (Jolin).

Cersesquijodid, Ce_2J_6.

Beim Lösen von Cersesquioxyd in Jodwasserstoffsäure, unter Einleiten von Schwefelwasserstoff (da sonst Jodabscheidung eintritt), entsteht die wasserhaltige Verbindung $Ce_2J_6 + 18 H_2O$ (Lange).

Cersesquifluorid, Ce_2Fl_6.

Natürlich kommt diese Verbindung unter dem Namen Fluocerit (s. Theil II) vor. Entsteht aus einer Cerosalzlösung, der man Fluorkaliumlösung zusetzt, als weisses, unlösliches Pulver; auch beim Einleiten von Fluorwasserstoff in eine Ceronitratlösung ebenfalls als weisser Niederschlag ($Ce_2Fl_6 + H_2O$) (Jolin).

Cercyanür, $Ce_2(CN)_6$
entsteht beim Zusatz einer Cyankaliumlösung zu einer Cersesquichloridlösung als leicht zersetzlicher Niederschlag; es existirt ein Doppelsalz dieser Verbindung mit dem Platincyanür: $Ce_2(CN)_6 . 3 Pt(CN)_2 + 18 H_2O$, das Cerplatincyanür, welches aus Baryumplatincyanür und Cerosulfat dargestellt wird und fluorescirende Krystalle bildet (Czudnowicz, Holzmann).

Ceroperchlorat, $Ce_2(ClO_4)_6 + 16 H_2O$
entsteht durch Wechselzersetzung bei der Einwirkung einer Baryumperchloratlösung auf eine Lösung von Cerosulfat (Jolin).

Cerobromat, $Ce_2(BrO_3)_6 + 18 H_2O$
bildet farblose Krystalle, die in Wasser leicht löslich sind und entsteht gleichfalls durch Wechselzersetzung bei der Einwirkung von Baryumbromat auf Cerosulfat.

Cerojodat, $Ce_2(JO_3)_6 + 4 H_2O$
entsteht als weisser Niederschlag, wenn man eine Cerosulfatlösung mit einer Lösung von jodsaurem Natron fällt.

Cerosulfit, $Ce_2(SO_3)_3 + 3 H_2O$
entsteht als flockiger, krystallinischer Niederschlag beim Lösen von Cerokarbonat in wässriger schwefliger Säure, der heiss filtrirt werden muss, da er sich beim Erkalten wieder löst (Jolin).

Cerosulfat, $Ce_2(SO_4)_3 + 8H_2O$

entsteht, wenn man eine Lösung von schwefelsaurem Cerdioxyd unter Einleiten von schwefliger Säure verdunstet (Marignac, Hermann, Czudnowicz).

Beim Erhitzen der Lösung des Cerosulfats mit $8H_2O$ scheiden sich Krystalle des wasserärmeren Salzes aus: $Ce_2(SO_4)_3 + 5H_2O$ die heiss filtrirt werden müssen, da sie sich kalt wieder lösen (Otto, Beringer, Mosander).

Das Cerosulfat ist in kaltem Wasser leichter löslich als in heissem: es lösen sich

bei 20°:	8,31	Theile Cerosulfat in 100 Theilen Wasser.
bei 45°:	8,08	„ „ „ „ „ „
bei 60°:	4,95	„ „ „ „ „ „
bei 100°:	0,504	„ „ „ „ „ „

(Bührig.)

Mit noch anderem Wassergehalt entstehen Verbindungen beim Erwärmen einer Lösung des wasserfreien Sulfats: $Ce_2(SO_4)_3 + 9H_2O$ und $Ce_2(SO_4)_3 + 12H_2O$. Das Cerosulfat bildet wohl charakterisirte Doppelsalze mit den Sulfaten der Alkalien:

Cerokaliumsulfat, $3K_2SO_4, Ce_2(SO_4)_3$

entsteht beim Mischen der Lösungen gleicher Gewichtstheile Cerosulfat und Kaliumsulfat; es ist in Wasser schwer löslich, in einer gesättigten Lösung von Kaliumsulfat fast unlöslich; beim Zusatz von gelöstem Kaliumsulfat zu einer Cerosulfatlösung entsteht daher ein weisser Niederschlag, der im Ueberschuss des Fällungsmittels unlöslich ist, in verdünnter Salzsäure ist er leicht löslich. Ein anderes Cerokaliumsulfat entsteht beim Mischen einer Lösung von einem Theil Cerosulfat (wasserfrei) mit einer solchen von 1/2 Theil Kaliumsulfat und hat die Zusammensetzung: $K_2SO_4, Ce_2(SO_4)_3 + 2H_2O$ (Czudnowicz, Hermann).

Ceronatriumsulfat, $Na_2SO_4, Ce_2(SO_4)_3 + 2H_2O$

entsteht als im Ueberschuss von Natriumsulfat unlöslicher Niederschlag beim Vermischen der Lösungen der Komponenten in beliebigen Mengen.

Ceroammoniumsulfat, $(NH_4)_2SO_4, Ce_2(SO_4)_3 + 8H_2O$

entsteht durch Vermischen der Lösungen der Komponenten und

wird beim Verdunsten der Lösungen in Form glänzender monokliner Krystalle gewonnen.

Cerodithionat, $Ce_2(S_2O_6)_3 + 24 H_2O$

entsteht beim Lösen von Cersesquioxyd in Unterschwefelsäure (Heeren, Jolin).

Ceroselenit, $C_2(SeO_3)_3 + 3 H_2O$.

Das neutrale Salz wird durch Fällen einer Lösung des Cersesquiacetats mit seleniger Säure als weisser Niederschlag erhalten (Jolin).

Das basische Salz: $2 Ce_2O_3$, $5 SeO_2 + 30 H_2O$ entsteht aus Cerosulfat und Natriumselenit.

Ceroseleniat, $Ce_2(SeO_4)_3 + 6 H_2O$.

Dieses Salz wird, je nach den Bedingungen der Krystallisation, auch mit $9 H_2O$ resp. mit $12 H_2O$ erhalten und entsteht beim Vermischen einer Cersesquiacetatlösung mit Selensäure (Jolin). — Das Ceroseleniat bildet Doppelsalz mit den Seleniaten der Alkalien:

Cerokaliumseleniat $= 5 K_2SeO_4, Ce_2(SeO_4)_3$.
Ceronatriumseleniat $= Na_2SeO_4, Ce_2(SeO_4)_3 + 5 H_2O$.
Ceroammoniumseleniat $= (NH_4)_2SeO_4, Ce_2(SeO_4)_3 + 9 H_2O$.

Ceronitrat, $Ce_2(NO_3)_6 + 12 H_2O$

entsteht durch Lösen von Cersesquioxyd in Salpetersäure und wird beim Verdunsten der Lösung und Trocknen über conc. Schwefelsäure in Form schwach rosenrother Krystalle erhalten. Auch erhält man das Salz durch Doppelzersetzung von Cersulfat und Baryumnitrat. Eine krystallinische, leicht zerfliessliche Masse, sehr löslich in Wasser und Alkohol. Bei 150^0 verliert das Salz $2 H_2O$ und zersetzt sich bei 200^0. — Das Ceronitrat bildet Doppelsalze und zwar entweder, indem man die Lösung des Cersesquinitrats mit der Lösung des anderen Nitrats vermischt oder indem man vom Cerinitrat ausgeht, dessen Lösung mit der anderen Nitratlösung vermischt und Alkohol zusetzt. So entsteht das Manganoceronitrat durch Vermischen der Lösung von Cerinitrat und Manganonitrat, wobei Manganosuperoxyd ausfällt und das Mangano-Cero-Doppelsalz in Lösung bleibt. Das Doppelsalz Ferri-Ceri-Nitrat entsteht durch einfaches Mischen der Lösungen der Komponenten. Es entstehen auch

Doppelsalze, wenn man das Metall in saurer Cerinitratlösung löst, so dass der entwickelte Wasserstoff reducirt; es resultiren dann Doppelsalze des Ceronitrats mit dem betreffenden Oxydulsalz.

Cerokaliumnitrat, $4\ KNO_3,\ Ce_2(NO_3)_6 + 4\ H_2O$ entsteht beim Vermischen der Lösungen von Ceronitrat und Kaliumnitrat und längeres Stehenlassen der syrupdick eingedampften Lösung. (Lange).

Cero-Ammoniumnitrat, $3\ NH_4NO_3,\ Ce_2(NO_3)_6 + 12\ H_2O$ entsteht beim Vermischen der Lösungen der Komponenten; es ist leicht löslich in Alkohol und Wasser (Holzmann).

Cero-Magnesium-Nitrat, $3\ Mg(NO_3)_2,\ Ce_2(NO_3)_6 + 24\ H_2O$ entsteht beim Verdunsten der gemischten Lösungen der Componenten über Aetzkalk und bildet zerfliessliche Tafeln (Lange). Dasselbe Doppelsalz mit 13 Molekül H_2O wurde von Holzmann erhalten.

Cero-Mangano-Nitrat, $3\ Mn(NO_3)_2,\ Ce_2(NO_3)_6 + 24\ H_2O$.

Beim Vermischen einer Manganonitratlösung mit einer Lösung von Cerinitrat tritt Abscheidung von Mangansuperoxyd ein, während obiges Doppelsalz in Lösung bleibt; es wird beim Verdunsten derselben in rosenrothen Krystallen erhalten.

Cero-Cobalto-Nitrat, $3\ Co(NO_3)_2,\ Ce_2(NO_3)_6 + 24\ H_2O$ entsteht wie das Magnesiumsalz beim Verdunsten der gemischten Lösungen der Komponenten und bildet rubinrothe, zerfliessliche Krystalle, die über Schwefelsäure verwittern.

Cero-Nickeloxydul-Nitrat, $3\ Ni(NO_3)_2,\ Ce_2(NO_3)_6 + 24\ H_2O$ entsteht auf analoge Weise wie das Cobaltsalz und bildet smaragdgrüne Krystalle.

Cero-Zink-Nitrat, $3\ Zn(NO_3)_2,\ Ce_2(NO_3)_6 + 24\ H_2O$ wird wie das Magnesiumsalz hergestellt und bildet farblose Krystalle[1]).

Ceroorthophosphat, $Ce_2(PO_4)_2 + 4\ H_2O$ entsteht beim Fällen einer Cerosalzlösung mit einer Lösung von

---

1) Lange, Journ. f. pr. Ch. **82**, 129.

Alkaliphosphat und Trocknen des Produkts neben Schwefelsäure; es ist in Wasser unlöslich, in Salzsäure, Salpetersäure, Phosphorsäure schwer löslich [1]). Es ist auch in Form farbloser Krystalle, sog. Monazitkrystalle erhalten worden, beim Glühen von Cerophosphat mit Cerochlorid und Ausziehen mit Wasser.

Ceropyrophosphat, $Ce_2H_2(P_2O_7)_2 + 6\ H_2O$
entsteht aus einer Ceronitratlösung mit einer Lösung von Natriumpyrophosphat oder beim Sättigen von Pyrophosphorsäure mit Cerocarbonat.

Cerometaphosphat, $Ce_2(PO_3)_6 + 2\ H_2O$
entsteht beim Abdampfen einer Lösung von unterphosphorigsaurem Cersesquioxyd (Cerohypophosphit) mit Salpetersäure und Glühen des Rückstandes (Rammelsberg).

Cerohypophosphit, $Ce_2(PH_2O_2)_6 + 2\ H_2O$
entsteht durch Wechselzersetzung bei der Einwirkung einer Lösung von Baryumhypophosphit auf eine Lösung von Cersulfat und bildet kleine weisse Prismen (Rammelsberg).

Cerokarbonat, $Ce_2(CO_3)_3 + 9\ H_2O$
wird dargestellt durch Zusatz einer Ammonkarbonatlösung zu einer Lösung von Cerosulfat als voluminöser, krystallinisch werdender Niederschlag, der leicht Beimengungen von Cerhydroxyd enthält (Czudnowicz). Das Cerokarbonat bildet mit dem Karbonaten der Alkalien Doppelsalze.

Cerokaliumkarbonat, K_2CO_3, $Ce_2(CO_3)_3 + 3\ H_2O$
welches entsteht, wenn man eine Cerosulfatlösung zu einer überschüssigen Alkalikarbonatlösung setzt.

Ceronatriumkarbonat, Na_2CO_3, $Ce_2(CO_3)_3 + 2\ H_2O$
entsteht auf analoge Weise wie das Kaliumdoppelsalz.

Cerooxalat, $Ce_2(C_2O_4)_3$
entsteht bei Zusatz einer Ammonoxalatlösung zu einer Auflösung von Cerosulfat als in Wasser und Säuren schwer löslicher Niederschlag. Krystallinisch wird das Cerooxalat beim Verdunsten seiner Lösung in Salpetersäure erhalten (Holzmann).

---

1) Boussingault, Ann. Chim. Phys. [5] **5**, 178.

Cerowolframat, $Ce_2(WoO_4)_3$

entsteht als blassgelber, amorpher Niederschlag beim Zusatz einer Natriumwolframatlösung zu einer Cerosulfatlösung. Das amorphe Cerowolframat wird bei starkem Glühen krystallinisch und bildet dann schwefelgelbe, glasglänzende, doppelbrechende Krystalle vom spec. Gew. 6,514.

Cerosulfid, Ce_2S_3.

Beim Glühen von Cerooxyd mit Schwefelkalium und Ausziehen der Schmelze mit Wasser erhält man musivgoldähnliche Schuppen von Cerosulfid. Wasser greift es nicht an, aber von den schwächsten Säuren wird es zersetzt unter Schwefelwasserstoffentwicklung. Trocknes Schwefelwasserstoffgas verwandelt Cerdioxyd in ein Gemenge von Sesquioxyd und Cersesquisulfid. — Beim heftigen Glühen von Cerdioxyd im Schwefelwasserstoffstrom entsteht reines Cerosulfid[1]).

β) Cerisalze.

Cerifluorid, $CeFl_4 + H_2O$

entsteht beim Lösen von Cerihydroxyd in wässriger Fluorwasserstoffsäure und stellt einen bräunlich-gelben, spröden Körper dar. — Beim Glühen des Cerifluorids entsteht Cersesquifluorid. — Bei vorsichtigem Verdampfen des Krystallwassers und Glühen des Cerifluorids bei bedecktem Tiegel entsteht wahrscheinlich freies Fluor[2]). Das Cerifluorid bildet mit Fluorkalium das Doppelsalz: 3 KFl, 2 $CeFl_4 + 2\ H_2O$, das Cerikaliumfluorid, welches beim Lösen von frisch gefälltem Cerihydroxyd in einer Lösung von Fluorwasserstoff-Fluorkalium (FlH, FlK oder $KHFl_2$) und in Form weisser mikroskopischer Würfel und Oktaeder von Brauner erhalten wurde.

Cerisulfat, $Ce(SO_4)_2 + 4\ H_2O$

bildet eine schwefelgelbe Masse, die beim Lösen von Cerdioxyd in verdünnter Schwefelsäure entsteht. Aus der wässrigen Lösung des Cerisulfats scheidet sich leicht das basische Cerisulfat als gelbes Pulver ab. Das basische Cerisulfat $= CeO_2SO_3 + 2\ H_2O$ ist sehr schwer in Wasser löslich[3]).

---

1) Didier, Compt. rend. **100**, 1461. — Ber. Deutsch. chem. Ges. **1899**, 3413.

2) O. Loew, Deutsch. chem. Ges. Ber. **1881**, 106, 2441.

3) Pogg. Ann. **107**, 80; **108**, 45. — Journ. f. pr. Chem. **80**, 18; **92**, 149. — Jolin, Bull. soc. chim. (2) **21**, 536. — Muthmann und Stützel, Ber. Deutsch. Chem. Ges. **1900**, 1763.

Cero-Ceri-Sulfat, $Ce_2(SO_4)_3$, $2\,Ce(SO_4)_2 + 24\,H_2O$ entsteht beim Lösen von Cerdioxyd in concentrirter Schwefelsäure, wobei etwas Cerdioxyd zu Cersesquioxyd reducirt wird und ozonhaltiger Sauerstoff frei wird. Es bildet dem Kaliumbichromat ähnliche Krystalle. Die Farbe ist tiefrothbraun, während Cerisulfat gelb, Cerosulfat farblos ist.

Wird das normale Cerisulfat mit Wasser gewaschen, so verliert es Schwefelsäure. Das Cerisulfat bildet mit den Alkalisulfaten Doppelsalze.

Cerikaliumsulfat, $2\,K_2SO_4$, $Ce(SO_4)_2 + 2\,H_2O$ entsteht als dunkelgelber, krystallinischer Niederschlag, wenn man Lösungen von Cerisulfat und Kaliumsulfat mischt. Wasser zersetzt dieses Doppelsalz, indem basische Salze entstehen. Das Cerikaliumsulfat ist wie das Cerokaliumsulfat in überschüssiger Kaliumsulfatlösung unlöslich.

Ceriammoniumsulfat, $3\,(NH_4)_2SO_4$, $2\,Ce_2SO_4)_2 + 3\,H_2O$ erhält man beim Erhitzen und Abdampfen der gemischten Lösungen der Komponenten; aus der Mutterlauge erhält man ein Ceriammoniumsulfat[1]) von anderer Zusammensetzung:

$$3\,(NH_4)_2CO_4,\ Ce(SO_4)_2 + 4\,H_2O.$$

Cerinitrat, $Ce(NO_3)_4$ entsteht beim Lösen von Cerihydroxyd in Salpetersäure und Verdunsten der Lösung; durch heisses Wasser tritt Zersetzung ein; es entsteht basisches Salz (Berzelius). Das Cerinitrat bildet Doppelsalze mit den Alkalinitraten und dem Zinknitrat.

Cerikaliumnitrat, $4\,KNO_3$, $2\,Ce(NO_3)_4 + 3\,H_2O$ entsteht beim Vermischen der Lösungen der Komponenten und Verdunsten über Aetzkalk, wodurch es in dem gelben chromsauren Kali ähnlichen Krystallen erhalten wird.

Ceriammoniumnitrat, $4\,NH_4NO_3$, $2\,Ce(NO_3)_4 + 3\,H_2O$ entsteht auf analoge Weise wie das Kalidoppelsalz und bildet orangerothe, zerfliessliche, sechsseitige Prismen. Cerdioxyd - Zinknitrat

[1]) Mendelejeff, Ann. Chem. Pharm. **168**, 50. — Rammelsberg, Deutsch. Chem. Ges. Ber. **9**, 1581.

$Ce(NO_3)_4$, $2\,Zn(NO_3)_2 + 18\,H_2O$ bildet dunkelgelbe, rhomboedrische Krystalle [1]).

Ceriumcarbid, CeC_2

ist von Henri Moissan dargestellt worden [2]). Es entsteht durch Erhitzen von Cerdioxyd mit Zuckerkohle im elektrischen Ofen; es gelang, ein krystallisirtes Ceriumcarbid von obiger Formel zu gewinnen, welches sich analog dem Calciumcarbid auf Wasserzusatz zersetzt unter Bildung von Acetylen, Aethylen, Methan und flüssigem und festem Kohlenwasserstoff.

9. Lanthan-Verbindungen.

a) Lanthan und Sauerstoff.

Lanthanoxyd, La_2O_3.

Spec. Gew. 5,94 (Hermann), 6,53 (Cleve), 6,48 (Nilson); entsteht beim Glühen von Lanthankarbonat, Oxalat, Nitrat, und ist von blassröthlicher, lachsartiger Färbung. Es ist die stärkste Base von allen seltenen Erden. Mit Wasser löst sich das Lanthanoxyd wie Calciumoxyd und giebt ein zartes weisses Pulver von Lanthanhydroxyd La_2O_3, $3\,H_2O$ oder $La_2(OH)6$ [3]).

Lanthansuperoxyd

erhielt Mosander durch Fällen eines neutralen La-Salzes mittels Baryumdioxyd.

Lanthanhydroxyd, La_2O_3, $3\,H_2O$ oder $La_2(OH)_6$

fällt aus einer Lanthansalzlösung auf Zusatz von gelöstem Kalihydrat oder Natriumhydrat; das Lanthanhydroxyd ist eine starke Base, bläut rothes Lackmuspapier, löst sich leicht in verdünnten Säuren und macht aus Ammoniumsalzen Ammoniak frei.

b) Lanthansalze.

Lanthanchlorid, $La_2Cl_6 + 15\,H_2O$

entsteht beim Lösen von Lanthanoxyd in Salzsäure und Verdunsten

1) Holzmann, Compt. rend. **75**, 321.

2) Acad. d. sc. v. 17. II. 1896. — Chem. Ztg. **1896**, 183.

3) Ann. Chem. **263**, 174. — Journ. Chem. Soc. **55**, 276. — Deutsch. Chem. Ges. Ber. **1900**, 1750.

der Lösung; wasserfreies Lanthanchlorid erhält man beim Eindampfen des wasserhaltigen Chlorids im Chlorwasserstoffstrom oder beim Glühen eines Gemenges von Lanthanchlorid und Salmiak im bedeckten Tiegel. — Wenn man das wasserhaltige Lanthanchlorid an der Luft erhitzt, so entsteht das basische Lanthanchlorid: $3\,La_2O, La_2Cl_6$, das in Wasser unlöslich, in Säuren schwer löslich ist. — Ein basisches Chlorid von anderer Zusammensetzung: $2\,La_2O_3, La_2Cl_6$ oder: $La_2O_2Cl_2$ entsteht beim Erhitzen von Lanthanoxyd im Chlorstrom; dasselbe ist in Wasser kaum löslich.

Das Lanthanchlorid bildet mit den Chloriden der Schwermetalle von Smith dargestellte Doppelsalze:

$$La_2Cl_6, 9\,HgCl_2 + 24\,H_2O.$$
$$La_2Cl_6, 3\,PtCl_4 + 24\,H_2O.$$
$$La_2Cl_6, 3\,AuCl_3 + 21\,H_2O.$$

Lanthanbromid, $La_2Br_6 + 14\,H_2O$

entsteht beim Lösen von Lanthanoxyd in Bromwasserstoffsäure; dasselbe ist in Wasser und Weingeist leicht löslich, in Aether unlöslich. Das Lanthanbromid bildet Doppelsalze beispielsweise:

$La_2Br_6, 3\,ZnBr_2 + 39\,H_2O$, welches zerfliessliche Krystalle bildet.

Lanthanhypochlorit, $La_2(OCl)_6$

wird in der Weise dargestellt, dass man Chlor in Wasser, in welchem Lanthanhydroxyd suspendirt ist, so lange einleitet, bis sich das anfangs entstandene Krystallpulver löst; beim Verdunsten der Lösung bilden sich glänzende Tafeln obiger Verbindung (Smith).

Lanthanfluorid, $La_2Fl_6 + H_2O$

bildet einen gallertartigen Niederschlag, der bei Zusatz von Fluorwasserstoffsäure zu einer essigsauren Lanthanoxydlösung entsteht (Cleve).

Lanthanchlorat, $La_2(ClO_3)_6$

entsteht beim Mischen der Lösungen von Lanthansulfat und Baryumchlorat durch Wechselzersetzung und bildet zerfliessliche Nadeln (Cleve).

Lanthanperchlorat, $La_2(ClO_4)_6 + 18\,H_2O$

entsteht analog dem Chlorat aus Lanthansulfat und Baryumperchlorat und bildet wie das Lanthanchlorat zerfliessliche Nadeln.

Lanthanbromat, $La_2(BrO_3)_6 + 18\,H_2O$

ist von Marignac durch Wechselzersetzung des Lanthansulfats. und Baryumbromats dargestellt worden und bildet hexagonale Prismen.

Lanthanjodat, $La_2(JO_3)_6 + 3\,H_2O$

bildet einen weissen Niederschlag, der beim Zusatz von Jodsäure zu Lanthansulfatlösung entsteht. Das Lanthanjodat löst sich in heissem Wasser leichter als in kaltem (Holzmann).

Lanthanperjodat, $La_2(JO_4)_6 + 4\,H_2O$

entsteht als weisser Niederschlag beim Zusatz von Ueberjodsäure zu einer Lanthanacetatlösung (Cleve).

Lanthansulfit, $La_2(SO_3)_3 + 4\,H_2O$

entsteht beim Erwärmen von Lanthanhydroxyd in wässriger schwefliger Säure als weisses, voluminöses Pulver (Cleve).

Lanthansulfat, $La_2(SO_4)_3 + 9\,H_2O$

entsteht beim Verdunsten der Lösung des Lathanoxyds in verdünnter Schwefelsäure oder beim Erwärmen der kalt gesättigten Lösung des Sulfats auf 30—40°; sein spec. Gew. beträgt 2,827 (Topsoë). Ein Lanthansulfat mit anderem Wassergehalt, von der Zusammensetzung: $La_2(SO_4)_3 + 6\,H_2O$ bildet sich beim Zusatz des gleichen Gewichtes concentrirter Schwefelsäure zu der kalt gesättigten Lösung des Sulfats. Beim Glühen entweicht alle Schwefelsäure, so dass Lanthanoxyd übrig bleibt. — Das wasserfreie Lanthanoxyd ist leichter in Wasser löslich als das krystallisirte. Ein Theil wasserfreies Lanthansulfat gebraucht

bei 2—3°: 6 Theile Wasser zur Lösung
bei 23,5°: 42,5 „ „ „ „
bei 100°: 115 „ „ „ „

Setzt man zur Lösung des Lanthansulfats Ammoniak, so fällt basisches Salz aus:

$2\,La_2O_3, 3\,SO_3 + 3\,H_2O$ basisches Lanthansulfat.

Das Lanthansulfat bildet mit den Sulfaten der Alkalien wohlcharakterisirte Doppelsalze.

Lanthankaliumsulfat $= La_2(SO_4)_3, 3\,K_2SO_4$.

Beim Zusatz einer Kaliumsulfatlösung zu einer Lösung von Lanthansulfat entsteht ein dichter weisser Niederschlag des Kaliumsulfat-Doppelsalzes, welcher im Ueberschuss des Fällungsmittels nicht löslich ist; der Niederschlag ist krystallinisch und ist auch in Wasser schwer löslich. — Bei grossem Ueberschuss bildet sich nach Cleve ein anders zusammengesetztes Doppelsalz: $La_2(SO_4)_3$, $4\,K_2SO_4$.

Lanthannatriumsulfat, $La_2(SO_4)_3$, $Na_2SO_4 + 2\,H_2O$ ist der weisse, schwere Niederschlag, der beim Mischen der Lösungen von Lanthansulfat und Natriumsulfat entsteht und ebenfalls wie das Kalidoppelsalz in Ueberschuss von Natriumsulfat unlöslich ist.

Lanthanammoniumsulfat, $La_2(SO_4)_3$, $(NH_4)_2SO_4 + 8\,H_2O$.

Die Darstellung geschieht auf analoge Weise wie das Kali- resp. Na-Doppelsalz (Marignac, Cleve).

Lanthandithionat, $La_2(S_2O_6)_3 + 16\,H_2O$ entsteht durch Wechselzersetzung beim Mischen der Lösungen von Lanthansulfat und Baryumdithionat, Abfiltriren und Verdunsten der Lösung neben Schwefelsäure. Beim Umkrystallisiren dieses Salzes entsteht das wasserreichere: $La_2(S_2O_6)_3 + 24\,H_2O$.

Lanthanselenit, $La_2(SeO_3)_3 + 9\,H_2O$ entsteht beim Zusatz von seleniger Säure und Alkohol zu einer Lanthansulfatlösung; ausser diesem neutralen Lanthanselenit, sind noch zwei saure Lanthanselenite bekannt von folgender Zusammensetzung:

La_2N_3, $5\,SeO_2 + 6\,H_2O$ und
La_2O_3, $6\,SeO_2 + 5\,H_2O$.

Lanthanseleniat, $La_2(SeO_4)_3 + 6\,H_2O$ entsteht beim Lösen von Lanthanoxyd in Selensäure und Verdampfen der Lösung in der Wärme; lässt man bei gewöhnlicher Temperatur freiwillig verdunsten, so erhält man die wasserreiche Verbindung von der Zusammensetzung: $La_2(SeO_4)_3 + 10\,H_2O$. Das Lanthanseleniat bildet mit den Seleniaten der Alkalien charakteristische Doppelsalze:

Kalium-Lanthan-Seleniat $= La_2(SeO_4)_3$, $K_2SeO_4 + 9\,H_2O$ erhält man durch Mischung der Lösungen der einfachen Salze als in Wasser ziemlich leicht lösliche Verbindung.

Natrium-Lanthan-Seleniat = $La_2(SeO_4)_3$, $Na_2SeO_4 + 4H_2O$ ist undeutlich krystallinisch, leicht löslich und wird wie das Kaliumdoppelsalz dargestellt.

Ammonium-Lanthan-Seleniat = $La_2(SeO_4)_3$, $(NH_4)_2SeO_4 + 9H_2O$

bildet farblose Krystalle; wird ebenfalls wie das Kaliumdoppelsalz dargestellt.

Lanthannitrat, $La_2(NO_3)_6 + 12 H_2O$

wird auf gewöhnliche Weise erhalten; es krystallisirt neben concentrirter Schwefelsäure in wasserhellen, triklinen Krystallen. Das Lanthannitrat bildet Doppelsalze, von denen die mit dem Ammoniumnitrat, Magnesiumnitrat und Zirkonnitrat näher bekannt sind:

Lanthan-Ammonium-Nitrat = $La_2(NO_3)_6$, $4(NH_4)NO_3 + 8H_2O$ wird dargestellt durch Mischen der Lösungen der einfachen Salze und bildet farblose, monokline Krystalle.

Lanthan-Magnesiumnitrat = $La_2(NO_3)_6$, $3Mg(NO_3)_2 + 24H_2O$

bildet weisse Oktaeder und wird auf dieselbe Weise wir das Ammoniumsalz erhalten.

Lanthan-Zinknitrat = $La_2(NO_3)_6$, $3Zn(NO_3)_2 + 69 H_2O$ bildet sehr leicht lösliche Krystalle.

Lanthanorthophosphat, $La_2(PO_4)_3$.

Das neutrale Salz wird auf Zusatz von neutraler Natriumphosphatlösung zu einer Auflösung von Lanthansulfat erhalten; es entsteht auch bei Zusatz von Phosphorsäure zur Lanthansulfatlösung nach Hermann.

Lanthanpyrophosphat, $La_2H_2(P_2O_7)_2 + 6H_2O$

bildet weisse Nadeln (Cleve); es entsteht aus Lanthanchloridlösung bei Zusatz einer Natriumpyrophosphatlösung. Aus Lanthansulfatlösung und Natriumpyrophosphatlösung wurde ein Lanthanpyrophosphat folgender Zusammensetzung erhalten: $La_2H_2(P_2O_7)_3$.

Lanthanmetaphosphat, $La_2(PO_3)_6$

entsteht beim Mischen von Lanthansulfatlösung mit Natriummetaphosphatlösung.

Lanthanarseniat, $La_2H_3(AsO_4)_3$

ist der gelatinöse Niederschlag, der auf Zusatz von Natriumarseniatlösung zu Lanthansalzlösung entsteht.

Lanthanarsenit, $La_2H_3(AsO_3)_3$

ist ein krystallinisches Pulver.

Lanthanborat, $2 La_2O_3, B_2O_3$

bildet rothe Prismen vom spec. Gew. 5,825 und ist beim Glühen von Lanthankarbonat mit Borax erhalten worden (Nordenskjöld).

Lanthankarbonat, $La_2(CO_3)_3 + 3 H_2O$.

Diese Verbindung mit 3 Molekülen Wasser entsteht beim Fällen einer Lanthansulfatlösung mit einer Lösung von Natriumkarbonat und Trocknen des weissen Niederschlages bei 100°. Im Ueberschuss des Fällungsmittels ist das Lanthankarbonat unlöslich. Trocknet man den Karbonatniederschlag bei Zimmerwärme, so resultirt das wasserreichere Salz mit 8 Molekülen Wasser von der Zusammensetzung: $La_2(CO_3)_3 + 18 H_2O$.

Lanthankarbonat entsteht auch beim Einleiten von Kohlensäure in Wasser, in welchem Lanthanhydroxyd suspendirt ist. — Lanthankarbonat kommt natürlich vor als Lanthanit (siehe Nr. 20 in Theil II). Beim Glühen verlieren diese Karbonate ihre Kohlensäure.

Lanthanoxalat, $La_2(C_2O_4)_3$.

Bei Zusatz von Oxalsäure oder oxalsauren Salzen zu Lanthansalzlösungen entsteht ein weisser Niederschlag, anfangs voluminös bald krystallinisch werdend, von Lanthanoxalat; es findet vollständige Fällung selbst in schwach sauren Lösungen statt. Lanthanoxalat ist unlöslich in Oxalsäure; etwas löslich in kochender concentrirter Lösung von oxalsaurem Ammoniak, woraus es jedoch beim Verdünnen und Erkalten sich fast vollständig wieder abscheidet; leicht löslich in viel Salzsäure. Wenn man die salzsaure Lösung langsam auf gewöhnliche Temperatur abkühlen lässt, so scheiden sich ziemlich dicke, sehr scharfe Krystalle ab. Sie unterscheiden sich durch ihre Zusammensetzung vollständig von dem ursprünglichen Oxalat. Die Formel ist $(C_2O_4)_2Cl_2La_2 + 5\,H_2O$. Es ist ein Oxalat, in welchem ein Molekül Oxalsäure ersetzt ist durch zwei Moleküle Salzsäure. Das Lanthanoxalochlorid wird von kochendem Wasser zersetzt in unlösliches Oxalat und lösliches Chlorid:

$$3\,(C_2O_4)_2Cl_2La_2 = 2\,(C_2O_4)_3La_2 + La_2Cl_6.$$

Bis auf Rothgluth erhitzt, verliert das Oxalochlorid kein Chlor und die Zusammensetzung des Rückstandes ist das Lanthanoxychlorid: $La_2O_2Cl_2$. Man hat so ein bequemes Verfahren, um das Oxychlorid des Lanthans ohne besondere Vorsichtsmassregeln darzustellen[1]).

Lanthanmolybdanat, $LaH_3(MoO_4)_3$

entsteht beim Vermischen der Lösungen als gallertartiger Niederschlag.

Lanthanwolframat, $La_2(WoO_4)_3$

entsteht wie das Molybdanat und ist demselben auch ähnlich.

Lanthanchromat, $La_2(CrO_4)_3$

bildet gelbe, körnige Krystalle.

Lanthansulfid, La_2S_3

entsteht beim Ueberleiten von Kohlensäure und Schwefelkohlenstoff oder Schwefelwasserstoff über glühendes Lanthanoxyd[2]), mikroskopische durchscheinende, rothgelbe Krystalle bildend; es entsteht auch beim Glühen von Lanthanoxyd mit Schwefelnatrium und Auswaschen mit Wasser[3]).

Lanthancarbid, LaC_2

entsteht durch Erhitzen eines Gemisches von Lanthanoxyd und Zuckerkohle (100: 80) im elektrischen Ofen durch einen Strom von 350 Amp. und 50 Volt. Das Lanthancarbid bildet durchscheinende Krystalle vom spec. Gew. 5,02 bei 20°. Von Wasser wird es zersetzt, unter Entwickelung von Acetylen, Methan mit Spuren von Aethylen. Die Menge Methan (ca. 70 %) ist etwas grösser als die durch Cercarbid gebildete (Henri Moissan[4])).

---

1) André Job, Chem. Ztg. **1898**, 80. — Compt. rend. **126**, 226.

2) Didier, Compt. rend. **100**, 1461.

3) Beringer, Liebig Ann. **42**, 134.

4) Chem. Ztg. **1896**, 608.

10. Didymverbindungen.

Bevor wir die Verbindungen des Didym besprechen, wollen wir die Resultate der neueren Arbeiten von Brauner, Cleve, Auer, Kruss und Nilson, Boudouard, Urbain erwähnen, nach denen, wie schon früher angeführt, das Didym in zwei Elemente, das Neodym und Praseodym zerlegt wurde.

Neodym. Das Atomgewicht wurde festgestellt Nd = 140,8. Die Salze sind amethystroth, die Lösung rosa. Das Sulfat ist in Kälte löslicher als in der Wärme. Das Oxyd, durch Glühen des Oxalats und des Nitrats erhalten, ist schwach bläulich, nicht reducirbar und löslich in Säuren. Die Doppelverbindung von schwefelsaurem Neodym und schwefelsaurem Natrium ist unlöslich in einer gesättigten Lösung von schwefelsaurem Alkali.

Praseodym. Das Atomgewicht beträgt Pr = 143,6. Die Salze in fester Form, wie die Lösung derselben sind grün gefärbt. Das Oxyd Pr_4O_7, durch Glühen des Oxalats oder Nitrats erhalten, ist schwarzbraun. Praseodymperoxyd ist löslich in verdünnter Schwefelsäure, unter Entwicklung von Sauerstoff. Wasserstoff reducirt das Peroxyd sehr leicht zu dem Sesquioxyd Pr_2O_3. Das schwefelsaure Doppelsalz von Kalium und Praseodym ist löslicher als das des Neodyms, wodurch eine leichte Trennung der beiden ermöglicht wird.

M. Shapleigh, Chemiker der Welsbach Compagnie in Gloucester City (NewYork) hatte 1893 eine Anzahl Salze ausgestellt, deren Farbe und physikalische Beschaffenheit wie folgt war:

	Praseodym	Neodym
Suboxyd	amorphes, hellgelbes Pulver	graues Pulver.
Hydroxyd	amorphes, grünliches Pulver	veilchenblaues Pulver.
Peroxyd	schwarzes Pulver	schmutziggraues Pulver.
Karbonat	schmutzigweisses Pulver	rosafarbiges Pulver.
Chlorür	hellgrüne Krystalle	schmutzigrosa Krystalle.
Nitrat	„ „	rosafarbige Krystalle.
Sulfat	„ „	„ „
Oxalat	grünlichweisse Krystalle	„ „
Phosphat	hellgrünes Pulver	veilchenblaues Pulver.
Ferrocyanat	„ „	bläuliches Pulver.

a) Didym und Sauerstoff.

Didymoxyd, Di_2O_3

entsteht beim Glühen von Nitrat, Oxalat, Karbonat; es ist eine starke Base, löst sich leicht in Säuren und treibt aus Ammoniumsalzen Ammoniak aus und hat das spec. Gew. 7,179 (Cleve). Das Didymoxyd hat ein Spektrum mit hellen charakteristischen Streifen, welche mit den Absorptionsstreifen der verdünnten Didymsalzlösungen übereinstimmen.

Didymhydroxyd, $Di_2(OH)_6$

entsteht als gallertartiger, blassrosenrother Niederschlag beim Zusatz von Kalilauge oder Natronlauge zu Chlordidymlösung und stellt im getrockneten Zustande ein fleischfarbiges Pulver dar. (Von Ammoniak wird kein Didymhydroxyd gefällt, sondern es entstehen basische Salze.)

Didymsuperoxyd, Di_2O_5

entsteht bei vorsichtigem Erhitzen von basischem Didymnitrat und hat das spec. Gew. 5,368. Das Superoxyd verliert beim Glühen Sauerstoff und wird zu Didymoxyd [1]).

b) Didym-Salze.

Didymchlorid, $Di_2Cl_6 + 12\ H_2O$

bildet monokline, blauviolette Krystalle und entsteht beim Lösen von Didymoxyd in Salzsäure; es ist in Wasser und Weingeist löslich. Verdampft man die Lösung des Chlorids zur Trockne, so tritt Zersetzung ein: es entsteht das Oxychlorid: $Di_2O_2Cl_2$.

Die wasserfreie Verbindung Di_2Cl_6 bildet rosenrothe Krystalle und resultirt beim Eindampfen der wässrigen Didymchloridlösung im Chlorwasserstoffstrome. Das Didymchlorid bildet Doppelsalze:

1. Di_2Cl_6, $9\ HgCl_2 + 24\ H_2O$, welches lichtrothe Würfel bildet.
2. Di_2Cl_6, $3\ PtCl_4 + 24\ H_2O$ und
3. Di_2Cl_6, $3\ AuCl_3 + 21\ H_2O$, (Frerichs, Smith).

Didymbromid, $Di_2Br_6 + 12\ H_2O$

bildet violette Krystalle, die das spec. Gew. 2,81 (Cleve) und an der Luft zerfliesslich sind; es entsteht durch Lösen von Didymoxyd

1) Brauner, Deutsch. Chem. Ges. Ber. **1878**, 900.

in Bromwasserstoffsäure und Verdunsten der Lösung. — Beim Glühen von Didymbromid in lufthaltigem Brom entsteht das Didymoxybromid als weisses Pulver. Das Didymchlorid bildet Doppelsalze:

Di_2Br_6, 3 $ZnBr_2$ + 36 H_2O, das Didymzinkbromid ist eine strahlig krystallinische, röthliche, zerfliessliche Masse (Smith).

Di_2J_6, 3 ZnJ_2 + 24 H_2O, Didymzink-Jodid bildet gelbe, zerfliessliche Nadeln (Frerichs).

Didymfluorid, $Di_2Fl_6 + H_2O$

entsteht als röthlicher Niederschlag beim Zusatz von Fluorwasserstoffsäure zu Didymacetatlösung (Cleve). Di_2Fl_6, 3 HFl saures Didymfluorid entsteht durch Zusatz von Fluorwasserstoffsäure zu Didymsulfatlösung (Smith). Beim Schmelzen von Didymfluorid mit saurem Kaliumfluorid entstehen Doppelsalze von verschiedener Zusammensetzung: 3 KFl, $Di_2Fl_6 + H_2O$.
6 KFl, 3 Di_2Fl_6 + 2 H_2O.
6 KFl, 3 Di_2Fl_6 + 6 H_2O[1]).

Didymhypochlorit, $Di_2(OCl)_6$

bildet farblose Tafeln und entsteht beim Einleiten von Chlor in Wasser, in welchem Didymoxydhydrat suspendirt ist, (Smith).

Didymperchlorat, $Di_2(ClO_4)_6 + 18\,H_2O$

entsteht durch Wechselzersetzung bei der Einwirkung von Baryumperchloratlösung auf Didymsulfatlösung und Eindampfen des Filtrats; es bildet rothe zerfliessliche Krystalle, die in Weingeist löslich sind.

Didymbromat, $Di_2(BrO_3)_6 + 18\,H_2O$

entsteht aus Baryumbromat und Didymsulfat; es bildet rothe, hexagonale, luftbeständige Prismen (Marignac).

Didymjodat, $Di_2(JO_3)_6 + 12\,H_2O$

ist ein weisser, amorpher Niederschlag, der sich aus Didymsulfatlösung auf Zusatz von Jodsäure bildet (Cleve).

Didymperjodat, $Di_2O_2(JO_4)_2 + 8\,H_2O$.

Beim Zusatz von wässriger Ueberjodsäure zur Didymnitratlösung

1) Brauner, Deutsch. Chem. Ges. Ber. **1882**, 114.

entstehen weisse Flecken, die bald krystallinisch werden, von obiger Zusammensetzung. Das spec. Gew. des Perjodats ist 3,76.

Didymsulfit, $Di_2(SO_3)_3 + 6\ H_2O$

entsteht beim Einleiten von schwefliger Säure in Wasser, in dem Didymoxyd suspendirt ist; es ist in heissem Wasser weniger löslich als im kaltem.

Didymsulfat, $Di_2(SO_4)_3 + 8\ H_2O$

bildet rosenrothe, glänzende, monokline Krystalle vom spezifischem Gewicht 2,829 (Cleve) bis 2,881 (Petterson) und entsteht beim freiwilligen Verdunsten einer Lösung von Didymoxyd in verdünnter Schwefelsäure (Marignac, Rammelsberg). Verdunstet man die Didymsulfatlösung in der Wärme, so enthält das auskrystallisirte Salz 9 Moleküle Wasser: $Di_2(SO_4)_3 + 9\ H_2O$. Beim Sieden der Didymsulfatlösung entsteht das Sulfat mit 6 Molekülen Wasser: $Di_2(SO_4)_3 + 6\ H_2O$ (Zschiesche, Smith, Marignac). Das wasserfreie Didymsulfat: $Di_2(SO_4)_3$ entsteht durch Erhitzen des wasserhaltigen Salzes und löst sich in Wasser leichter, als das letztere. — Didymsulfat löst sich leichter in kaltem als in warmem Wasser. Vom wasserfreiem Didymsulfat lösten sich in 100 Theilen Wasser:

bei 12^0	43,1 Theile
„ 18^0	25,8 „
„ 25^0	20,6 „
„ 38^0	13,0 „
„ 50^0	11,0 „

Beim Glühen des normalen Sulfats entsteht das basische Sulfat: $Di_2O_3SO_3$.

Ein basisches Salz von anderer Zusammensetzung:

$$Di_2O_3SO_3 + 8\ H_2O$$

entsteht beim Fällen einer Didymsulfatlösung mit Ammoniak (Kosmann). Das Didymsulfat bildet mit den Alkalisulfaten wohl charakterisirte Doppelsalze:

Didymkaliumsulfat, $Di_2(SO_4)_3,\ 3\ K_2SO_4$.

Beim Zusatz von concentrirter Kaliumsulfatlösung zu Didymsulfatlösung wird das Didym in Form obigen Kaliumdoppelsalzes gefällt, welches in Kaliumsulfatlösung unlöslich, in Wasser (1 : 83) schwer löslich ist. Beim Kochen von Didymkaliumsulfat mit Wasser, entsteht: K_2SO_4, $Di_2(SO_4)_3$. — Cleve hat einen Unterschied konstatirt, zwischen dem Vermischen der kochenden Lösungen der einfachen Salze und dem Zusatz der Kaliumsulfatlösung zu der kalten Didymsalzlösung. Beim Vermischen der kochenden Lösungen resultirt: $4 K_2SO_4$, $Di_2(SO_4)_3$, beim kalten Arbeiten: $9 K_2SO_4$, $2 Di_2(SO_4)_3$.

Didymnatriumsulfat, Na_2SO_4, $Di(SO_4)_3 + 2 H_2O$.

Auf ganz analoge Weise wie das Didymkaliumsulfat entsteht das sich ganz ähnlich verhaltende Natriumsulfatdoppelsalz; es ist in Wasser schwer löslich, noch schwerer löslich in gesättigter Natriumsulfatlösung.

Didymammoniumsulfat, $(NH_4)_2SO_4$, $Di_2(SO_4)_3 + 8 H_2O$ entsteht aus Didymsulfatlösung und Ammoniumsulfatlösung; es löst sich in 18 Theilen Wasser und bildet monokline Krystalle vom spec. Gew. 2,575 (Cleve).

Didymdithionat, $Di_2(S_2O_6)_3 + 24 H_2O$ entsteht durch Wechselzersetzung aus Didymsulfat und Baryumdithionat; es bildet rosenrothe, hexagonale Krystalle.

Didymselenit, $Di_2(SeO_3)_3 + 6 H_2O$.

Das neutrale selenigsaure Didymoxyd entsteht bei Zusatz von seleniger Säure und Alkohol zu einer Didymnitratlösung (Smith). — Beim Zusatz von überschüssiger Natriumselenitlösung zu Didymsulfatlösung entsteht ein Didymselenit von anderer Zusammensetzung: $3 Di_2O_3$, $8 SeO_2 + 21 H_2O$. Beim Behandeln dieses Selenits mit 40% Selenigsäureanhydrid entsteht ein anderes saures Didymselenit:

$$Di_2O_3,\ 4 SeO_2 + 9 H_2O.$$

Bei Anwendung noch grösserer Mengen Selenigsäureanhydrid (ca. 128%) entsteht ein anderes saures Salz:

$$2 Di_2O_3,\ 9 SeO_2 + 18 H_2O.$$

Durch Einwirkung von seleniger Säure auf Didymacetatlösung entsteht ein Diselenit des Didyms von folgender Zusammensetzung:

Di_2O_3, $4 SeO_2 + 5 H_2O$ (Cleve).

Didymseleniat, $Di_2(SeO_4)_3 + 8 H_2O$ entsteht beim Lösen von Didymoxyd in Selensäure bei 60°; es bildet monokline Prismen vom spec. Gew.: 3,239 (Topsoë). —

Das Seleniat mit 5 H_2O: $Di_2(SeO_4)_3 + 5 H_2O$ entsteht beim Verdampfen der Lösung des Didymseleniats und bildet sternförmig gruppirte Prismen vom spec. Gew. 3,681 (Smith, Cleve). Lässt man die Didymseleniatlösung freiwillig neben concentrirter Schwefelsäure verdunsten, so resultirt: $Di_2(SeO_4)_3 + 10 H_2O$.

Didymnitrat, $Di_2(NO_3)_6 + 12 H_2O$

bildet violette, trikline Prismen vom spec. Gew. 2,249 (Cleve), entsteht beim Lösen von Didymoxyd in Salpetersäure und Eindampfen der Lösung bis zur Syrupkonsistenz; bei 170° ist es wasserfrei, bei 300° schmilzt es ohne Zersetzung. Das wasserfreie Salz ist in Alkohol von 96% löslich, ebenso in Aether-Alkohol, aber nicht in reinem Aether. Wird das Erhitzen des Nitrats soweit getrieben, dass salpetrige Säure entweicht, so resultirt das basische Didymnitrat: $4 Di_2O_3, 3 N_2O_5 + 15 H_2O$. Das Didymseleniat wie das Didymnitrat bilden Doppelsalze:

Didymkaliumseleniat, $K_2SeO_4, Di_2(SeO_4)_3 + 9 H_2O$

ist leicht in Wasser löslich, aber nicht zerfliesslich; es bildet rothe Krystalle, die nach Cleve das spec. Gew. 3,176 haben und monoklin sind.

Didymnatriumseleniat, $Na_2SeO_4, Di_2(SeO_4)_3 + 4 H_2O$

ist in Wasser leicht löslich.

Didym-Ammoniumseleniat, $(NH_4)_2SeO_4, Di_2(SeO_4)_3 + 6 H_2O$

bildet tiefrothe Nadeln. Cleve erhielt dieses Salz mit 9 Molekülen Wasser in rhombischen Formen vom spec. Gew.: 2,959.

Didym-Ammoniumnitrat, $4(NH_4)NO_3, Di_2(NO_3)_6 + 8 H_2O$

bildet zerfliessliche, rothe, monokline Krystalle.

Didym-Zinknitrat, $3 Zn(NO_3)_2, Di_2(NO_3)_6 + 69 H_2O$

bildet zerfliessliche Tafeln.

Didymorthophosphat, $Di_2(PO_4)_3 + 2 H_2O$

entsteht bei Zusatz von Orthophosphorsäure zu Didymnitratlösung, die recht verdünnt sein soll; es ist in Wasser unlöslich, in verdünnten Säuren wenig, in concentrirten leicht löslich; es entsteht auch beim Vermischen der Lösungen von Didymsulfat und neutralem Natriumphosphat (Smith). Setzt man Dinatriumphosphatlösung zu Didymsulfatlösung so entsteht: $Di_2H_3(PO_4)_3$. Das wasserfreie Orthophosphat $Di_2(PO_4)_3$ bildet mikroskopische, unschmelzbare, unlösliche Prismen, wenn man Didymoxyd und Phosphorsalz zusammenschmilzt[1]).

Didympyrophosphat, $Di_2(P_2O_7)_3 + 6\ H_2O$

entsteht als hellrother, amorpher Niederschlag beim Zusatz von Natriumpyrophosphat zu Didymacetatlösung.

Didymmetaphosphat, $Di_2(PO_3)_6$

entsteht aus Didymsulfat und Natriummetaphosphat (Smith).

Didymphosphit, $Di_2(HPO_3)_3$

entsteht als rosenrother Niederschlag bei der Einwirkung von Natriumphosphitlösung auf eine Didymsalzlösung.

Didymarseniat, $Di_2H_3(AsO_4)_3$

ist ein rosenrother, gelatinöser Niederschlag, der beim Vermischen der Lösungen von arsensaurem Natron und Didymsulfat entsteht.

Didymarsenit, $Di_2H_3(AsO_3)_3$

ist ein weisses, körniges Pulver.

Didymborat, Di_2O_3, $6\ B_2O_3$

als weisse Gallerte entsteht es beim Vermischen der Lösungen von borsaurem Natron und Didymsulfat (Smith); in Form rother, grosser, Krystalle, entsteht es beim Schmelzen von Didymoxyd und Borax vom spec. Gew. 5,825 (Nordenskjöld). — Cleve stellte ein ähnliches Produkt dar: $Di_2(BO_3)_2$ vom spec. Gew. 5,7.

Didymkarbonat, $Di_2(CO_3)_3 + 6H_2O$

entsteht als rosenrother Niederschlag beim Zusatz von Ammonbikarbonatlösung zur Lösung von Didymsulfat. Leitet man Kohlensäure in Wasser, in dem Didymoxyd suspendirt ist, so erhält man ein Karbonat mit weniger Wasser: $Di_2(CO_3)_3 + H_2O$ (Cleve). Beim Stehen einer Didymnitratlösung, die unvollständig mit Ammoniak

1) Wallroth, Bull. soc. chim. (2) **39**, 316.

gefällt war, entsteht: $Di_2(CO_3)_3 + 8\,H_2O$ (Cleve). Das Didymkarbonat bildet mit den Alkalikarbonaten Doppelsalze:

Didymkaliumkarbonat, $Di_2(CO_3)_3, K_2CO_3 + 4\,H_2O$ bildet seidenglänzende Krystalle, entsteht beim Zusatz von Kaliumbikarbonatlösung zu Didymchloridlösung; beim Zusatz von Kaliumbikarbonat zu Didymacetat entsteht das Doppelsalz mit 12 Mol. Wasser: $Di_2(CO_3)_3, K_2CO_3 + 12\,H_2O$.

Didymnatriumkarbonat, $3Na_2CO_3, 2Di_2(CO_3)_3 + 9\,H_2O$ entsteht bei Zusatz von überschüssiger Natriumkarbonatlösung zu Didymnitratlösung als rothes Krystallpulver; werden die Lösungen der einfachen Salze heiss angewendet, so entstehen die rothen Nadeln der Verbindung: $Di_2(CO_3)_3, 2\,Na_2CO_3 + 8\,H_2O$.

Didymammoniumkarbonat, $Di_2(CO_3)_3, (NH_4)_2CO_3 + H_2O$ ist dem Kaliumdoppelsalz analog.

Didymoxalat, $Di_2(C_2O_4)_3 + 12\,H_2O$.

Von Oxalsäure wird eine Didymsalzlösung vollständig gefällt; der Niederschlag ist in kalter Salzsäure und in kalter Salpetersäure schwer löslich, schwerer löslich als die entsprechende Lanthanverbindung; leicht löslich beim Erhitzen; es ist löslich in kochender Ammonoxalatlösung, scheidet sich jedoch beim Erkalten vollständig wieder aus; im lufttrocknen Zustande hat das Didymoxalat zwölf Moleküle Wasser; ist es bei 100^0 getrocknet, so hat es noch drei Moleküle Wasser: $Di_2(C_2O_4)_3 + 3\,H_2O$, es ist ein röthlich weisses Pulver. — Bezüglich des Verhaltens des Didymoxalats zu Salzsäure in der Wärme, der Bildung des Didymoxalochlorids und der Darstellung des Didymoxychlorids gilt dasselbe, was beim Lanthanoxalat des weiteren ausgeführt ist.

Didymmolybdat, $DiH_3(MoO_4)_3$ ist ein blassrother, gelatinöser Niederschlag, der durch Mischen der Lösungen der einfachen Salze entsteht.

Didymwolframat, $Di_2(WoO_4)_3$ entsteht als röthlich-weisser Niederschlag beim Vermischen von Natriumwolframatlösung und Didymsulfatlösung; geschmolzen bildet es glasglänzende, doppelbrechende Krystalle vom spec. Gew, 6,69. —

Beim Erhitzen von Calciumwolframat mit Kochsalz und Didymsalz erhält man das Didymwolframat in Krystallen, die den Scheelitkrystallen von Traversella ähnlich sind[1]).

Didymchromat, $Di_2(CrO_4)_3 + 7 H_2O$

ist ein gelbes körnig- krystallinisches Pulver. Das Didymchromat bildet Doppelsalze: $Di_2(CrO_4), K_2CrO_4$.

Didymvanadat, $Di_2(VO_4)_2$

entsteht als grauer Niederschlag aus Didymnitrat und metavanadinsaurem Ammoniak. — Beim Mischen der Lösungen von Didymnitrat und Natriumdivanadat entsteht: $Di_2O_5, 5 V_2O_5 + 28 H_2O$ zuerst als Niederschlag, bald aber in Form orangerother, monokliner Krystalle vom spec. Gew. 2,494.

Didymsulfid, Di_2S_3

entsteht beim Ueberleiten von mit Schwefelkohlenstoffdampf gemischten Wasserstoff über glühendes Didymoxyd. Das Oxysulfid: DiO_2S entsteht beim Glühen von Didymoxyd, Natriumkarbonat und Schwefel und Ausziehen der Masse mit Wasser (Marignac).

Eine eigenartige Verwendung haben die Superoxyde der Ceriterden als Rostschutzfarben erfahren, deren Herstellung durch Patentertheilung geschützt ist. Die Superoxyde der Ceriterden (des Cer's, Lanthan's und Didym's) werden einzeln oder in Mischung mit einander, mit Leinölfirniss verrieben, dann im Bedarfsfalle ein durch Kochen von Leinöl mit den genannten Superoxyden oder Borsäure hergestelltes Siccatif, sowie indifferente Stoffe wie Graphit Russ oder dergl. zugesetzt[2]).

Eine andere technische Verwendung finden die Lösungen dieser Salze zur Desinfektion, ein Verfahren, welches ebenfalls durch Patentertheilung geschützt ist. Die Lösungen der Salze von Lanthan, Didym, Yttrium, Erbium, Ytterbium oder Mischungen derselben unter sich in Verdünnungen 1:500 bis 1:1000 je nach dem Massstabe der gewünschten fäulnissverhindernden und bacillentödtenden

---

1) Cossa, Gazz. chim. ital. **9**, 118; **10**, 467.

2) D.R. P. 93854, B. Kosmann, Charlottenburg, vom 16. XII. 1896.

Wirkung werden zur Desinfektion oder Konservirung den fäulnissfähigen Substanzen zugesetzt[1]).

Eine dritte technische, gleichfalls durch Patentertheilung geschützte Verwendung finden die Salze der Ceriumgruppe zum Färben von Garnen und Geweben. Man erhitzt Garn oder Gewebe mit einer Lösung von Oxyden der Elemente der Ceriumgruppe (Cer, Lanthan, Didym) in Säuren, wie Salpetersäure, Schwefelsäure oder Essigsäure und taucht sie darauf in eine ammoniakalische Lösung von Wasserstoffsuperoxyd. Hierdurch werden die Superoxyde der Metalle in der Faser gefällt und dadurch kräftige Ausfärbungen erzielt; so mit reinem Ceriumsalz: orangegelb bis orangeroth; mit Didymsalz: braun; mit Lanthansalz, welches nicht didymhaltig ist: strohgelb. Durch Zusatz von Salzen von Schwermetallen (Kupfer, Eisen, Mangan, Nickel, Chrom, Uran) erhält man zahlreiche andere Färbungen z. B. grün, bläulichgrün, gelbbraun, durch Zusatz von Gerbsäure oder Tannin violette bis braune Modefärbungen, unter Mitwirkung von Blauholz kirschrothe bis violette Färbungen, ferner andere Farben unter Anwendung von Cochenille, Indigo oder Krapp[2]).

In toxikologischer Hinsicht wurden Cerverbindungen von Th. Bokorny[3]) untersucht. Das Ergebniss dieser Versuche war, dass das Cer etwas giftig sei. Angewandt wurde reines Cersulfat ($Ce_2(SO_4)_3 + 8\,H_2O$) in 0,1 und 0,2 %iger Lösung.

B. Vierwerthige Metalle.

11. Thor-Verbindungen.

a) Thor und Sauerstoff.

Thoroxyd, ThO_2, (Thorerde).

Dasselbe ist weiss bis graugelb; hat nach Berzelius das spec. Gew. 9,402 (nach Mosander: 9,523; nach Chydenius: 9,077 bis 9,20); es ist auch in kleinen Krystallen erhalten worden

1) D.R. P. 94 739 v. 20. XI. 1896, G. P. Drossbach, Deuben-Dresden.
2) D.R. P. 97 525 v. 15. April 1897, B. Kosmann, Berlin.
3) Chem. Ztg. **1894**, 1739.

(Nordenskjöld und Chydenius); es entsteht leicht beim Glühen des Oxalats, Nitrats oder Karbonats.

Thorhydroxyd, ThO_2, $2 H_2O$ oder $Th(OH)_4$

entsteht als weisser Niederschlag bei Zusatz von Ammoniak zu Thornitratlösung; in feuchtem Zustande ist es leicht, in trocknem Zustande schwer löslich in Säuren. Das durch Glühen des Oxalats erhaltene Thoroxyd ist, mit Salzsäure oder Salpetersäure abgedampft, leichter in Wasser löslich. Unter dem Namen: „Thoriumpräcipitat" geht ein technisches Thoriumhydroxyd mit 86 bis 88 % Thoroxyd.

Thorsuperoxyd, Th_2O_7.

Beim Zusatz von Ammoniak und Wasserstoffsuperoxyd entsteht das Superoxyd als weisser Niederschlag [1]).

b) Thor-Salze.

Thoriumchlorid, $ThCl_4$

entsteht durch Einwirkung von Chlor auf ein glühendes Gemisch von Thorerde und Kohle; es ist zerfliesslich, in Wasser unter Erhitzen löslich; beim Verdampfen seiner Lösung entweicht Salzsäure und schliesslich restirt Thorerde. In Krystallen wurde es erhalten durch Lösen des Thorhydrats in überschüssiger Salzsäure und Abdampfen der Lösung; es ist leicht löslich in salzsäurehaltigem Wasser sowie in Alkohol.

Das Thoriumoxychlorid entsteht bei der Darstellung des Thoriumchlorids mittels Chlor; hierbei verflüchtigt es sich als weisses, amorphes Pulver, welches durch Wasser in sich lösendes Chlorid und unlösliches Oxyd zersetzt wird. Das Thoriumchlorid bildet mit den Chloriden der Alkalien Doppelsalze:

Thorium-Kaliumchlorid, $2 ThCl_4, KCl + 18 H_2O$

ist in Wasser und Alkohol leicht löslich (Cleve).

Thorium-Ammoniumchlorid, $ThCl_4, 8 NH_4Cl + 8 H_2O$

entsteht beim Erhitzen von Thoriumchlorid und Chlorammonium im Chlorwasserstoffstrom, Lösen des Reaktionsproduktes in Wasser und Verdunsten der Lösung unter der Luftpumpe.

---

1) Cleve, Compt. rend. **100**, 605.

Thoriumbromid, $ThBr_4$

entsteht beim Lösen des Hydroxyds in wässriger Bromwasserstoffsäure und Verdunsten der Lösung als weisse, gummiähnliche Masse.

Thoriumjodid, ThJ_4.

Das Jodid ist dem Bromid ähnlich; es krystallisirt ebenfalls nicht gut und bräunt sich am Lichte.

Thoriumfluorid, $ThFl_4 + 4\,H_2O$

entsteht als weisser, gallertartiger Niederschlag beim Zusatz von wässriger Fluorwasserstoffsäure zu Thoriumchloridlösung; es ist in Wasser und in Fluorwasserstoffsäure unlöslich. Das Thoriumfluorid bildet mit Kaliumfluorid Doppelsalze verschiedener Zusammensetzung:

$$2\,KFl, ThFl_4 + 5\,H_2O$$
$$2(KFl, ThFl_4) + H_2O$$
$$8\,KFl, 7\,ThFl_4 + 6\,H_2O.$$

Thoriumchlorat, $Th(ClO_3)_4$

ist eine seifenartige, hygroskopische Masse.

Thoriumperchlorat, $Th(ClO_4)_4$

ist ebenfalls hygroskopisch und dem Chlorat ähnlich.

Thoriumbromat, $Th(BrO_3)_4$

ist eine wenig beständige Verbindung, die sich schon beim Verdunsten im Vacuum zersetzt.

Thoriumjodat, $Th(JO_3)_4$

ist ein weisser amorpher Niederschlag, durch Vermischen der betr. Lösungen dargestellt.

Thoriumsulfit, $Th(SO_3)_2 + H_2O$

entsteht beim Erwärmen von Thoroxyd in wässriger schwefliger Säure als weisses, amorphes Pulver.

Thoriumsulfat, $Th(SO_4)_2 + 9\,H_2O$

bildet monokline, durchscheinende Prismen; es entsteht beim Verdunsten einer Lösung von Thoroxyd in Schwefelsäure mit freier Schwefelsäure bei 10—15^0. Das Thoriumsulfat ist in Wasser schwer löslich.

Beim Erhitzen des in mit Schwefelsäure angesäuertem Wasser gelösten Salzes auf 100° resultirt das Sulfat mit vier Molekülen Wasser: $Th(SO_4)_2 + 4H_2O$. In kaltem Wasser löst sich das Salz mit vier Molekülen H_2O, indem sich das mit neun Molekülen H_2O bildet; deshalb wird eine beim Erhitzen trübe gewordene Lösung von Thoriumsulfat beim Erkalten wieder klar. Das wasserfreie Thorerdesulfat löst sich in Eiswasser, aber beim Erhitzen, sogar schon bei Zimmertemperatur, scheidet es sich in hydratischem, sehr schwer löslichem Zustande aus, wodurch es sich von den Sulfaten des Aluminiums, Berylliums, Cers, Yttriums etc. unterscheidet. Führt man durch Erhitzen das Salz aus dem hydratischen wieder in den wasserfreien Zustand über, so löst es sich wieder in Eiswasser (cf. auch Nilson'sches Reinigungsverfahren S. 68). Das Thorsulfat bildet charakteristische Doppelsalze mit den Alkalisulfaten:

Thoriumkaliumsulfat, $Th(SO_4)_2, 2K_2SO_4 + 2H_2O$

entsteht wenn man eine Krystallrinde von Kaliumsulfat in eine Lösung von Thorsulfat hängt; wird eine Thorsulfatlösung mit soviel kochender Kaliumsulfatlösung versetzt, dass beim Erkalten Kaliumsulfat mit auskrystallisirt, so ist alles Thor gefällt. — Das Thoriumkaliumsulfat ist in gesättigter Kaliumsulfatlösung unlöslich, ebenso in Alkohol; in Wasser ist es löslich; ausserdem ist noch ein Kaliumsulfatdoppelsalz von anderer Zusammensetzung bekannt:

$4K_2SO_4, Th(SO_4)_2 + 2H_2O$ (Chydenius).

Thoriumnatriumsulfat, $Th(SO_4)_2, Na_2SO_4 + 6H_2O$.

Die Darstellung ist analog der des Kalidoppelsalzes. Das Natriumsulfatdoppelsalz ist in gesättigter Natriumsulfatlösung etwas löslich.

Thoriumammoniumsulfat, $(ThSO_4)_2, 2(NH_4)_2SO_4$

bildet harte, weisse Nadeln; es entsteht analog dem Kalisalze durch Vermischen der Lösungen der einfachen Salze.

Thoriumselenit, $Th(SeO_3)_2 + H_2O$

entsteht als weisser, amorpher, voluminöser Niederschlag beim Zusatz von wässriger seleniger Säure zu Chlorthoriumlösung; es ist in Wasser unlöslich. Beim Erhitzen des neutralen Selenits mit seleniger Säure entstehen saure Salze: $2ThO_2, 7SeO_2 + 16H_2O$

$ThO_2, 5SeO_2 + 8H_2O$ (Nilson).

Thoriumseleniat, $Th(SeO_4)_2 + 9H_2O$

entsteht beim Lösen von Thoroxyd in Selensäure; es bildet grosse, wasserhelle, monokline Krystalle, die luftbeständig sind und bei 100° 8 Moleküle Wasser verlieren. Das spec. Gew. ist 3,026 (Topsoë).

Thoriumnitrat, $Th(NO_3)_4 + 12H_2O$

entsteht durch Lösen des Hydroxyds in Salpetersäure und Eindampfen im Vakuum über Schwefelsäure. Bildet hygroskopische, durchsichtige weisse Krystalle, löslich in Alkohol. Bei 100° getrocknet, verliert es 8 Moleküle H_2O, in welcher Form es gewöhnlich im Handel vorkommt; über Schwefelsäure verliert das krystallisirte Nitrat ebenfalls 8 Moleküle H_2O. Man erhält ein in quadratische Pyramiden krystallisirtes Nitrat von der Zusammensetzung $Th(NO_3)_4 + 6H_2O$ wenn man eine Lösung eindampft und in der Wärme auskrystallisiren lässt. Mit Kaliumnitrat bildet es ein Doppelsalz. — Wasserfreies Thoriumnitrat $Th(NO_3)_4$ enthält 55% Thorerde. Gute Handelswaare enthält dagegen nur 47—49%, weil nicht alles Krystallwasser beim Eindampfen der Nitratlösung abgedampft werden kann, ohne dass man Gefahr liefe, das Salz zu zersetzen. G. Thesen macht kurze Angaben, über die technische Darstellung des Thoriumnitrats. Ausgehend vom brasilianischen Monazitsand werden alle Erden nach dem Aufschliessen des feinstgemahlenen Materials mit Schwefelsäure aus der schwefelsauren Lösung mit Oxalsäure gefällt. Durch fraktionirtes Auskrystallisiren der Doppelsulfate von Natriumsulfat und der Sulfate der seltenen Erden wird der Oxalsäureverbrauch beschränkt. Aus dem reinen Thorsulfat lässt sich durch Doppelzersetzung mit Baryumnitrat reines Thoriumnitrat erhalten[1]).

Muthmann[2]) benutzte zur Herstellung reinster Thorpräparate die Fraktionierungsmethode mit Kaliumchromat: 840 g Thornitrat des Handels wurden in 5 l Wasser gelöst und unter Einleiten von unter 3 Atm. Druck stehendem Dampf 1 l einer 6%igen Kaliumchromatlösung zugetröpfelt. Diese Operation wurde sechsmal wiederholt; die Fraktionen bestanden aus dem vollkommen einheitlichen Krystallpulver des Thoriumchromats, welche zusammen 320 g rein weisses Oxyd ergaben. Aus der restirenden Lösung, nachdem keine

1) Chem. Verein, Christiania, Sitzung v. 29. XI. **1895**. Chem. Ztg. **1895**, 2254.

2) Deutsch. Chem. Ges. Ber. **1900**, 1748, 2029.

Fällung mehr eintrat, wurde mit Kalilauge Gadolinium und Yttrium niedergeschlagen.

Thoriumorthophosphat, $Th_3(PO_4) + 4\,H_2O$

entsteht beim Zusatz von Dinatriumphosphat zu Thoriumnitratlösung als gelatinöser, in Wasser unlöslicher Niederschlag; es ist in Salzsäure und in Salpetersäure leicht löslich.

Das saure Salz $ThH_2(PO_4)_2 + H_2O$ entsteht bei Zusatz von Orthophosphorsäure zu Thoriumchloridlösung.

Thoriumpyrophosphat, $ThP_2O_7 + 2\,H_2O$

entsteht durch Fällung der Lösungen der Thorsalze mittels Pyrophosphorsäure oder Natrium-Pyrophosphatlösung als weisser, voluminöser Niederschlag. Das Pyrophosphat bildet mit dem Natriumpyrophosphat ein Doppelsalz: $ThNa_4(P_2O_7)_2 + 2\,H_2O$. Thoriumnatriumpyrophosphat entsteht als weisser krystallinischer Niederschlag beim Mischen der kochenden Lösungen der einfachen Salze.

Thoriummetaphosphat, ThO_2, $2\,P_2O_5$

entsteht beim Zusatz von wasserfreiem Thoriumchlorid zu überschüssiger, im Schmelzen erhaltener Metaphosphorsäure; es bildet in Wasser unlösliche, tafelförmige, rhomische Krystalle vom spec. Gew. 3,08 bei 16,4° (Troost[1])).

Thoriumferrocyanat, $ThFeCy_6 + 4\,H_2O$

ist ein weisses Pulver.

Thoriumsulfocyanat

ist eine klebrige Masse, die mit Quecksilbercyanid charakterisirte Doppelsalze bildet:

$Th(OH)_3CyS$, $HgCy_2 + H_2O$ amorph.

$ThOH(CyS)_3$, $3\,HgCy_2 + 12\,H_2O$ krystallinisch.

Thoriumsilicat, $ThSiO_4$

findet sich in der Natur als Thorit; es wird von saurem Kaliumsulfat zersetzt und bildet in Säuren unlösliche prismatische Krystalle vom spec. Gew. 6,82 bei 16°. Das andere Silicat: $ThSi_2O_6$ wird weder von Säuren noch von Kaliumsulfat angegriffen und hat das spec.

---

1) L. Troost, Compt. rend. **101**, 210.

Gew. 5,56 bei 25°. Beide Silicate entstehen beim Schmelzen von Thorerde mit Kieselsäure und Chlorcalcium, je nachdem auf Rothgluth oder bis ca. 1100° erhitzt wird.

Thoriumkarbonat, $Th(CO_3)_2$.

Dieses basische Salz entsteht beim Zusatz von Alkalikarbonatlösung zu Thorsalzlösungen, wobei Kohlensäure entweicht; es entsteht auch beim Einleiten von Kohlensäure in Wasser, in dem Thoriumhydroxyd suspendirt ist; es ist in überschüssigem Kaliumkarbonat löslich. Sein Doppelsalz mit Natriumkarbonat ist näher charakterisirt:

Thorium-Natriumkarbonat, $Th(CO_3)_2, 3\,Na_2CO_3 + 12\,H_2O$ entsteht beim Zusatz einer kochenden Natriumkarbonatlösung zu Thoriumnitratlösung und nachherigem Zusatz von Alkohol und bildet mikroskopische glänzende Krystalle.

Thoriumamid (Stickstoffthorium),

entsteht beim Glühen von Thoriumoxyd oder Thoriumchlorid in Ammoniak oder beim Erhitzen von Chlorthorium mit Chlorammonium im Chlorsauerstoffstrom (Chydenius).

Thoriumoxalat, $Th(C_2O_4)_2 + 2\,H_2O$

entsteht durch Fällen von Thoriumnitrat mittels Oxalsäure als weisser, amorpher Niederschlag; es ist in Wasser ganz unlöslich, ebenfalls unlöslich in Oxalsäure, kaum löslich in verdünnten Mineralsäuren, löslicher in einer freie Essigsäure enthaltenden Lösung von essigsaurem Ammoniak; löst sich in kochender Lösung von oxalsaurem Ammoniak, und fällt aus dieser Lösung nicht wieder aus, wenn man verdünnt und erkalten lässt, wodurch sich die Thorsalze wesentlich von den Salzen des Cers, Lanthans und Didyms und der Yttererden unterscheiden [1]).

Thoriumphospid.

entsteht beim Erhitzen von Thorium im Phosphordampf, ist ein dunkelgrauer, metallglänzender Körper, der an der Luft zu Thoriumphosphat verbrennt.

---

1) Brauner, Vergl. Untersuchungen über die Oxalate der seltenen Erden, Journ. Soc. of Chem. Ind. **1898**, **73**, 951.

Thoriumsulfid, ThS_2

entsteht bei starkem Glühen von Thorerde in mit Schwefelkohlenstoffdampf gemischtem Wasserstoffgas und ist ein grauer, metallglänzender Körper, beim Glühen an der Luft verbrennt es zu Thorerde; von Salpetersäure, leichter von Königswasser wird es in Thorsulfat übergeführt; Chlor verwandelt es in Chlorid; unter Einwirkung von schmelzendem Aetzkali entsteht daraus Schwefelkalium und Thorerde. Das Thoriumoxysulfid ThS_2, $2\,ThO_2$ entsteht bei schwachem Glühen von aus Hydrat dargestellter Thorerde in Wasserstoff, das mit Schwefelkohlenstoffdampf gemischt ist (Chydenius).

Thoriumcarbid, ThC_2

entsteht durch Glühen im Perrot'schen Ofen eines Gemisches aus Thorerde, Zuckerkohle, Terpentinöl, das zu einem dicken Brei verarbeitet ist und Erhitzen des Produktes im elektrischen Ofen; es bildet kleine gelbe, durchscheinende Krystalle, die mit Graphitlamellen gemischt sind. Sein spec. Gew. beträgt bei 18 ^{0} C. 8,96; es verbrennt im Sauerstoff, im Schwefeldampf, nachdem es vorher leicht erwärmt ist, mit glänzenden Lichterscheinungen. Mit Wasser giebt es Acetylen, Methan, Aethylen und Wasserstoff und zwar weniger Acetylen und mehr freien Wasserstoff als Yttriumcarbid [1]).

Die Thorverbindungen wurden in toxikologischer Hinsicht ebenfalls von Th. Bokorny (l. c.) untersucht. Das Resultat war, dass die Thorverbindungen nicht giftig waren.

12. Zirkon-Verbindungen.

a) Zirkon und Sauerstoff.

Zirkonoxyd, Zirkonerde (Zirkonsäure), ZrO_2

entsteht durch Glühen des Hydrats oder Oxalats als weisse, harte, durchscheinende amorphe Masse; als krystallinischer Körper vom spec. Gew. 5,7 beim Schmelzen von Zirkonerde mit Borax (Nordenskjöld). Die Zirkonerde ist nur in concentrirter Schwefelsäure löslich oder nach dem Schmelzen mit saurem Natriumsulfat oder Fluor-

---

1) Henri Moissan und Etard, Acad. d. sc. Sitzung v. 9. III. 1896. Nach Chem. Ztg. **1896**, 241.

kalium oder Fluorammonium [1]). Beim Schmelzen mit Natriumkarbonat entsteht Natriumzirkonat = Na_2ZrO_3; bei sehr hoher Temperatur entsteht Na_4ZrO_4 [1]).

Zirkonhydroxyd, $Zr(OH)_4$

entsteht durch Fällen der Zirkonsalzlösungen mit Kaliumhydrat, Natronhydrat oder Ammoniak oder Schwefelammonium als weisser, flockiger Niederschlag, der im Ueberschuss des Fällungsmittels unlöslich ist, auch von kochender Salmiaklösung nicht gelöst wird. Diese Fällung wird durch Weinsäure verhindert. Beim Erhitzen verliert es das Wasser; um das trockene Hydrat von obiger Zusammensetzung zu erhalten, muss das Trocknen bei 17,5° geschehen. Frisch gefällt löst es sich leicht in den gewöhnlichen Säuren; mit kochendem Wasser gewaschen oder getrocknet ist es schon weniger löslich.

Zirkonsuperoxyd, ZrO_3

entsteht durch Zusatz von Wasserstoffsuperoxyd und Ammoniak zu Zirkonsulfatlösung [3]) oder aus der schwach sauren oder neutralen Zirkonsulfatlösung mittels Wasserstoffsuperoxyd [4]).

b) Zirkonsalze.

Zirkonchlorid, $ZrCl_4$

entsteht beim Glühen eines Gemisches von Zirkonerde und Kohle im Chlorstrom als weisse Salzmasse, die sich im Wasser unter heftiger Erhitzung löst. Beim Eindampfen seiner wässrigen Lösung tritt Zersetzung ein: es entsteht Oxychlorid. Basisches Zirkonchlorid scheidet sich beim Kochen einer eisenhaltigen Zirkonchloridlösung aus. Das Zirkonchlorid bildet Doppelsalze mit den Alkalichloriden:

Zirkon-Kaliumchlorid: $ZrCl_4$, 2 KCl

entsteht durch Sublimation des Zirkonchlorids über Chlorkalium im Chlorstrom (Weibull).

Zirkon-Natriumchlorid: $ZrCl_4$, 2 NaCl

wird auf analoge Weise wie das Kaliumdoppelsalz hergestellt (Paykull).

---

1) Hermann, J. pr. Chem. **97**, 318.
2) Hiortdahl, Ann. Chem. Pharm. **137**, 34.
3) Cleve, Bull. soc. chim. [2] **43**, 53.
4) Bailey, Ann. Chem. **232**, 352.

Zirkonoxychlorür, $ZrOCl_2 + 8 H_2O$

entsteht, wie schon erwähnt, beim Eindampfen einer Zirkonchloridlösung und krystallisirt aus concentrirter salzsaurer Lösung in prismatischen, tetragonalen Krystallen. Je nach den Bedingungen kann das Oxalchlorür mit anderem Wassergehalt krystallisirt erhalten werden und existiren daher verschiedene zusammengesetzte Verbindungen:

$ZrOCl_2 + 3 H_2O$
$ZrOCl_2 + 8 H_2O$
$ZrOCl_2 + 6 H_2O$.

Zirkonbromid, $ZrBr_4$

entsteht beim Glühen eines Gemisches von Zirkonerde und Kohle in mit Bromdampf gemischter Kohlensäure. Durch Wasser wird es zu Oxybromid gelöst. Daher resultirt auch beim Verdampfen der Auflösung von Zirkonerde in Bromwasserstoffsäure kein Zirkonbromid, sondern Oxybromid, welches aus dieser Lösung mit 8 Molekülen Wasser: $ZrOBr_2 + 8 H_2O$ in tetragonalen Nadeln erhalten worden ist[1]).

Zirkonfluorid, $ZrFl_4$

entsteht beim Glühen eines Gemisches von Zirkonerde und Flussspath im Salzsäurestrom (Deville) und bildet farblose, glänzende Krystalle, die in Wasser und Säuren unlöslich sind. Mit 3 Molekülen Wasser wird es aus einer Lösung von Zirkonfluorid in Fluorwasserstoffsäure erhalten. Es bildet Doppelsalze:

Zirkon-Siliciumfluorid: $ZrSiFl_3$
Zirkon-Zinkfluorid: $ZnFl_2, ZrFl_4 + 6 H_2O$.

Zirkonjodid, ZrJ_4

entsteht beim Erhitzen von metallischem Zirkonium in einem Jodwasserstoffsäurestrom; es bildet dabei anfangs eine amorphe, später eine krystallinische, weisse Masse; es ist unlöslich in Wasser, Salpetersäure, Salzsäure, Königswasser, Schwefelkohlenstoff.

Zirkonsulfit, $Zr(SO_3)_2$

entsteht durch Fällung von Zirkonsalzlösung mittels Ammoniumsulfit; es ist in Wasser unlöslich, etwas löslich in wässriger schwef-

1) M. Weibull, Deutsch. Chem. Ges. Ber. **1887**, 1394.

liger Säure, aus welcher Lösung es beim Kochen wieder gefällt wird. Die Oxychloridlösung giebt beim Zusatz von Alkalisulfitlösung einen weissen Niederschlag eines basischen Zirkonsulfits, der frisch gefällt, in wässriger schwefliger Säure sowie in den Mineralsäuren löslich ist.

Zirkonthiosulfat

entsteht durch Fällen einer Zirkonsalzlösung mittels Natriumthiosulfatlösung beim Kochen als ein mit Schwefel gemengter Niederschlag.

Zirkonsulfat, $Zr(SO_4)_2 + 4 H_2O$

krystallisirt beim Concentriren einer freie Schwefelsäure enthaltenden Lösung; beim Lösen von Zirkonhydroxyd in der Lösung des normalen Salzes und Abdampfen der Lösung hinterbleibt eine gummiartige, in Wasser leicht lösliche Masse des tetrahydroxylschwefelsauren Salzes: $ZrSO_5$; dasselbe zersetzt sich mit viel Wasser in basisches Zirkonsulfat.

Das basische Zirkonsulfat: $3 ZrO_2, SO_3$

entsteht beim Zusatz von Kaliumsulfat zu der mit Kaliumkarbonat neutralisirten Zirkonsulfatlösung; dieser Niederschlag enthält Kaliumsulfat und alles Zirkon. — Basisches Sulfat entsteht auch bei Einwirkung von Wasser auf das neutrale Sulfat neben freier Säure. — Das wasserfreie Sulfat $Zr(SO_4)_2$ erhält man beim leichten Glühen des wasserhaltigen; es bildet eine weisse Masse, die in kaltem Wasser leicht löslich ist. Von Alkohol wird es zerlegt in freie Säure und basisches Salz.

Das Salz mit 4 Molekülen Wasser verliert bei 100^0 3 Moleküle; das 4. Molekül verliert es erst bei 250^0. Bis zum Glühen erhitzt, tritt vollständige Zersetzung ein, so das reine Zirkonerde restirt.

Das Zirkonsulfat bildet Doppelsalze mit dem Kaliumsulfat: $2 K_2O, 6 ZrO_2, 7 SO_3, 9 H_2O$, ein krystallinisches Pulver, welches sich aus der Lösung, die beim Ausziehen der Schmelze von Zirkonerde und Kaliumsulfat mit kaltem Wasser entsteht, ausscheidet und $3 K_2O, 3 ZrO_2, 7 SO_3, 9 H_2O$ ist der Rückstand der sich beim vorigen Lösungsprocess bildet[1]).

---

1) Warren, J. pr. Chem. **75**. 361.

Zirkonselenit, $Zr(SeO_3)_2$.

Das neutrale Salz entsteht beim Erwärmen des basischen Zirkonselenits mit einer Lösung von seleniger Säure und bildet mikroskopische Krystalle.

Das basische Salz: 4 ZrO_2, 3 SeO_2, 18 H_2O entsteht beim Zusatz von selenigsaurem Natron zu wässriger Zirkonoxychloridlösung und bildet ein weisses, amorphes Pulver.

$ZrOSeO_3 + 2 H_2O$ basisches Selenit

entsteht beim Zusatz von seleniger Säure zu Zirkonsalzlösung.

Zirkonseleniat, $ZrO(SeO_4)_2 + 4 H_2O$, das neutrale Salz.

Kocht man die Lösung des neutralen Seleniats mit viel Wasser, so setzt sich basisches Seleniat ab.

Zirkonnitrat, $Zr(NO_3)_4 + 5 H_2O$.

Das neutrale Salz krystallisirt beim Verdampfen einer Lösung von Zirkonhydroxyd in Salpetersäure.

ZrN_2O_7 entsteht beim Erhitzen des neutralen Nitrats über 100°. Das basische Salz entsteht auch beim Abdampfen der Lösung des neutralen Salzes bei 75°; es bildet ein weisses in Wasser und Alkohol lösliches Pulver.

Zirkonorthophosphat, $Zr_3(PO_4)$

entsteht beim Zusatz von Phosphorsäure zu einer Zirkonsalzlösung als gelatinöser durchscheinender, dem Thonerdehydrat ähnlicher Niederschlag, der in Phosphorsäure etwas löslich ist. — Beim Zusatz von Alkaliphosphat zu einer Zirkonsalzlösung entstehen Niederschläge, deren Zusammensetzung nicht konstant ist und im wesentlichen der Formel: $(PO_4)_8 Zr_5H_4 + 6 H_2O$ zugehören (Paykull). Andere Zirkonorthophosphate sind:

5 ZrO_2, 4 $P_2O_5 + 8 H_2O$, in Wasser unlöslich.
3 ZrO_2, 2 $P_2O_5 + 5 H_2O$.
5 ZrO_2, 3 $P_2O_5 + 9 H_2O$.

Zirkonpyrophosphat, ZrP_2O_7.

Das Pyrophosphat ist erhalten worden aus Zirkonerde und Metaphosphorsäure[1]). Als weisser, amorpher Niederschlag entsteht

[1]) Knop, Ann. Chem. Pharm. **159**, 36.

es bei Zusatz von Natriumpyrophosphatlösung zu Zirkonsulfatlösung von der Formel: $ZrP_2O_7 + 1^1/_2 H_2O$.

Zirkonkarbonat, $3 ZrO_2, CO_2 + 8 H_2O$

ist das basische Salz; es entsteht beim Zusatz von Alkalikarbonat in geringem Ueberschuss zu neutralem Zirkonsulfat; es entsteht auch beim Einleiten von Kohlensäure in Wasser, worin Zirkonhydroxyd suspendirt ist. Die Kohlensäure des Karbonats geht schon in feuchtem Zustande beim Kochen mit Wasser, sogar schon mit heissem Wasser, leichter noch beim Trocknen weg. — Frisch gefälltes Zirkonhydrat löst sich in Ammonkarbonatlösung, aber nicht in Kali- oder Natronkarbonatlösung.

Zirkonoxalat

entsteht als weisser Niederschlag beim Zusatz von Oxalsäurelösung zu Zirkonoxychlorürlösung, in Wasser unlöslich, in freier Oxalsäure etwas löslich, in überschüssigem oxalsaurem Ammon löslich. Das neutrale Zirkonoxalat ist nicht erhalten worden, aber saures und basisches. Wenn man eine leicht angesäuerte Zirkonchloridlösung mit einer gesättigten Oxalsäurelösung versetzt, bis zur vollständigen Ausfällung, so erhält man einen gelatinösen Niederschlag von: $Zr(C_2O_4)_2, 2 Zr(OH)_4$, basisches Zirkonoxalat. Aus dem Filtrat erhält man ein basisches Oxalat von anderer Zusammensetzung[1]):

$$2 Zr(C_2O_4)_2, 3 Zr(OH)_2.$$

Diese basischen Oxalate sind selbst in Säuren schwer löslich. Wenn man Zirkonhydroxyd zu einem grossen Ueberschuss von Oxalsäure setzt, so bildet sich saures Oxalat. Das Zirkonoxalat bildet Doppelsalze:

$$Zr(C_2O_4)_2 + 2 K_2C_2O_4 + 4 H_2O.$$
$$Zr(C_2O_4)_2 + 2 Na_2C_2O_4 + 3 H_2O.$$
$Zr(C_2O_4)_2 + 2 (NH_4)_2C_2O_4 + 3$ oder $4 H_2O$ (Paykull).

Zirkonsilicat.

Die Zusammensetzung und die Beschreibung der natürlich vorkommenden Silicate: Zirkon, Hyacinth, Auerbachit, Eudialit, Katapleiit etc. siehe im Theil II.

Künstlich ist Zirkonsilicat durch Einleiten von Fluorsilicium

1) Venable-Baskerville, Journ. Americ. Chem. Soc. **19**, 12.

($SiFl_4$) über abwechselnde Schichten von Zirkonerde und Kieselsäure bei Rothgluth in Form von Zirkonen erhalten worden[1]).

Zirkontannat

wird erhalten, wenn man zu kochender Zirkonsalzlösung kochende Gerbsäurelösung fliessen lässt, den Niederschlag von gerbsaurer Zirkonerde filtrirt, mit siedendem Wasser auswäscht und bei passender Temperatur trocknet[2]).

Zirkontartrat.

Zirkonerde löst sich schwer in Weinsäure, ist unlöslich in der Lösung der Bitartrate. Weinsäure giebt mit den Lösungen der Zirkonsalze einen Niederschlag der basischweinsauren Zirkonerde $= ZrO(C_4H_4O_6) + ZrO(OH)_2$ (?)

Schwefelzirkon

entsteht beim Erhitzen von Zirkon und Schwefel im Wasserstoffstrom; es ist von dunkelzimmetbrauner Farbe; gewöhnliche Lösungsmittel sind ohne Einfluss darauf. — Fluorwasserstoffsäure löst Schwefelzirkon unter gleichzeitiger Schwefelwasserstoffentwicklung. Mit Aetzkali geschmolzen, entsteht daraus Schwefelkalium und Zirkonerde.

Zirkoncarbid, ZrC

entsteht, wenn Zirkonerde mit Zuckerkohle und Terpentinöl zu einem dicken Brei verarbeitet und im geschlossenen Cylindern geglüht und dieses Produkt im elektrischen Ofen erhitzt wird; es ist von grauer Farbe und hat metallischen Glanz. —

Im Sauerstoff verbrennt es mit lebhaftem Glanz. Verdünnte Salpetersäure greift es wenig an, concentrirte löst es mit Heftigkeit.

Concentrirte Schwefelsäure und Königswasser lösen es kalt langsam, rascher beim Erwärmen.

Kaliumpermanganat, Kaliumchlorat, Kaliumnitrat bewirken heftige, zum Theil explosive Reaktion.

Das Zirkoncarbid ist gut krystallinisch, wird aber von Wasser merkwürdiger Weise bei Temperaturen von 0 bie 100^0 nicht zersetzt welches Verhalten um so auffallender ist, als Thoriumkarbid sich

---

1) Deville, Ann. Chem. Pharm. **120**, 178.

2) Amerik. Patent 558197 v. 17. VI. 1895, A. Müller-Jacobs, N.-Y.

schon in der Kälte mit Wasser zersetzt und das Thorium im periodischen System dem Zirkon sehr nahe steht [1]).

Zirkonate.

Unter dieser Bezeichnung versteht man Verbindungen des Zirkons, in denen dasselbe als Säure auftritt, sie sind nicht von grosser Festigkeit und entstehen nur beim Zusammenschmelzen der betreffenden Körper. Das Zirkon tritt als Base viel charakteristischer auf als Säure, was seinem Charakter entspricht; es existiren nur wenige dieser Verbindungen.

Natriumzirkonat, ZrO_2, 2 Na_2O

entsteht beim Schmelzen eines Gemisches von Zirkonerde mit einem Ueberschuss von Natriumkarbonat. Ein Natriumzirkonat von anderer Zusammensetzung: 8 ZrO_2, $Na_2O + 12\ H_2O$, das hexagonal krystallisirt, entsteht beim Behandeln der Schmelze mit Wasser.

Lithiumzirkonat, ZrO_3Li_2

entsteht beim Schmelzen von Lithiumchlorid und Zirkonerde.

Calciumzirkonat

bildet ein krystallinisches Pulver und entsteht beim Erhitzen bis zur lebhaften Rothgluth eines Gemenges von Zirkonerde und Chlorcalcium.

Magnesiumzirkonat

entsteht beim Erhitzen bis zur hellen Rothgluth eines Gemenges von Zirkonerde und Chlormagnesium.

---

[1]) H. Moissan und Lengefeld, Acad. des scienc. v. 16. III. 1896. Nach Chem. Ztg. **1896**, 273.

V. Theil.

Chemische Analyse der seltenen Erden.

Litteratur: Bahr und Bunsen, Jahresber. d. Chem. 1866, 799. — Bunsen, Ann. Chem. Pharm. 86, 265. — Holzmann und Bunsen, Journ. pr. Chem. 75, 345 und Pogg. Ann. 155, 377. — Gilbs, Zeitschr. f. anal. Chem. 3, 396. — Winkler, Zeitschr. f. anal. Chem. 4, 417. — Zschiesche, Zeitschr. f. anal. Chem. 9, 541. — Frerichs, Zeitschr. f. anal. Chem. 13, 217. — Popp, Ann. Chem. Pharm. 131, 360. — Graham Otto, Anorg. Chem. 5. Aufl. II, 2 und II, 4. — Fresenius, qual. Analyse. — G. Bricout, Chem. Centralbl. 1894, 1. — Wilh. Gentsch, Glühkörper f. Gasglühlicht. — G. v. Knorre, Zeitschr. f. angew. Chem. 97, 685. — Plattimon und Clark, Chem. News 16, 259. — Drossbach, Schill. Journ. f. Gasbel. 1895, 581. — C. Glaser, Chem. Ztg. 1896, 612 und Zeitschr. f. analyt. Chem. 36, 213—219. — Fresenius und Hintz, Zeitschr. f. anal. Chem. 35, 525—544. — E. Hintz und H. Weber, Zeitschr. f. analyt. Chem. 1897, 27. — L. M. Dennis, Journ. Americ. Chem. Soc. 18, 947—952, Aug. 1896. (Nach Chem. Centralbl. 1897, I, 128.) — L. M. Dennis und F. L. Kortright, Zeitschr. f. anorg. Chem. 6, 35—39. — G. Posetto, Giorn. Farm. Chim. 48, 49—54. Turin, städt. chem. Laboratorium. — M. Marc. Delafontaine, Chem. News 75, 230, 14/5, (24/4), Chicago. — St. Claire Deville, Compt. rend. 59, 272. — Wyronboff und Verneuil, Chem. Ztg. 1899; Acad. d. sc. 29. V. 1899. — Lecoq de Boisbaudran, Compt. rend. 99, 525. — André Job, Chem. Ztg. 1899, 66; Acad. d. sc. 9. I. 1899. — Muthmann und Böhmer, Ber. Deutsch. Chem. Ges. 1900, 42—49.

A. Qualitative chemische Analyse.

a) Das Verhalten der seltenen Erden zu den Reagentien.

1. Yttrium-Verbindungen.

Die Yttrium-Salze sind farblos, von adstringirendem Geschmack und ohne Absorptionsspektrum.

Schwefelwasserstoff ist ohne Einwirkung auf die Lösungen der Yttriumsalze.

Kalihydrat, Natronhydrat, Ammoniak fällen weissen Niederschlag von Yttriumhydrat; dasselbe ist im Ueberschuss des Fällungsmittels unlöslich. — Weinsäure verhindert die Fällung durch Alkalien nicht; der entstehende Niederschlag ist weinsaure Yttererde; die Fällung erfolgt erst nach einiger Zeit, ist aber vollständig.

Schwefelammonium verhält sich wie Ammoniak.

Kaliumkarbonat, Natriumkarbonat, Ammoniumkarbonat fällen weissen Niederschlag von Yttriumkarbonat. Der Niederschlag löst sich in Kaliumkarbonatlösung schwer; in doppelt kohlensaurem Kali sowie in Ammonkarbonat leichter (aber lange nicht so leicht als der Beryllniederschlag). Die Lösungen des reinen Yttriumhydrats in Ammonkarbonat scheiden beim Kochen alles Yttrium ab; ist aber gleichzeitig Chlorammonium zugegen, so wird dieses bei weiterem Erhitzen unter Ammoniak-Abscheidung zersetzt und die Yttererde löst sich wieder als Chlor-Yttrium.

Oxalsäure fällt weissen Niederschlag von oxalsaurer Yttria, der Niederschlag ist anfangs amorph, wird aber bald krystallinisch; unlöslich im Ueberschuss des Fällungsmittels, schwer löslich in verdünnter Chlorwasserstoffsäure, theilweise löslich beim Kochen mit einer Lösung von oxalsaurem Ammoniak, woraus er sich aber beim Verdünnen und Erkalten fast vollständig wieder abscheidet, durch welches Verhalten sich das Yttriumoxalat vom Thoriumoxalat wesentlich unterscheiden.

Kaliumsulfat giebt keinen Niederschlag mit den Lösungen der Yttriasalze. Das Yttererde-Kalium-Sulfat ist in Wasser leicht löslich; ebenfalls in einer gesättigten Kaliumsulfatlösung leicht löslich, ein Verhalten, wodurch sich die Yttriasalze von Thor-, Zirkon- und Ceritsalzen unterscheiden.

Baryumkarbonat fällt in der Kälte nicht, wohl aber beim Kochen.

Natriumthiosulfat fällt die Lösungen der Yttriasalze nicht.

Fluorwasserstoffsäure fällt aus den Lösungen der Yttriasalze gelatinöses Fluoryttrium, das in Wasser und in Fluorwasserstoffsäure unlöslich ist. In Mineralsäuren ist es löslich.

Kaliummonochromat fällt aus den Yttriasalzlösungen basisches Yttriumchromat. Die Fällung ist quantitativ, wenn die auftretende Säure neutralisirt wird (Popp). Auf Curcumapapier zeigen die angesäuerten Salzlösungen keine Reaktion.

2. Erbium-Verbindungen.

Aetzkali-, Aetznatron-Lösung fällen aus Erbinsalzlösungen amethystrothes Erbinhydrat, das im Ueberschuss des Fällungsmittels unlöslich ist.

Kaliumkarbonat sowie Bikarbonat, sowie Ammoniumkarbonat fällen Erbinsalzlösungen; diese Niederschläge sind im Ueberschuss der Fällungsmittel löslich.

Ammoniak fällt basische Salze. Die Fällung ist vollständig auch bei Gegenwart von Weinsäure.

Schwefelammonium fällt ebenfalls basische Salze.

Oxalsäure fällt weisses krystallinisches Erbiumoxalat; be Anwendung von oxalsauren Alkalien entstehen oxalsaure Doppelsalze. Das Erbinoxalat ist in oxalsaurem Ammoniak löslich beim Kochen, verhält sich sonst zu diesem Körper wie das Yttriumoxalat,

Kaliumsulfat bewirkt in concentrirter Lösung beim Erwärmen Fällung des Kaliumsulfat-Doppelsalzes; dasselbe ist in Wasser von gewöhnlicher Temperatur schwer löslich; in kaltem Wasser ist es leicht löslich (Cleve), in concentrirter Kaliumsulfatlösung ist es noch schwerer löslich.

Baryumkarbonat fällt langsam in der Kälte, schneller beim Wärmen.

Natriumthiosulfat fällt die Lösungen der Erbinsalze nicht.

Ameisensäure oder Ammoniumformiat fällt keine Erbinerde, da das ameisensaure Erbium leicht löslich ist.

Bernsteinsäure fällt keine Erbinerde; bei Gegenwart von Yttererde werden jedoch beide gefällt.

3. Terbin-Verbindungen.

Die Terbinsalze haben kein Absorptionsspektrum.

Kalihydrat, Natronhydrat und Ammoniak fällen gallertartiges, im Ueberschuss unlösliches Terbinhydrat.

Kaliumsulfat bildet mit dem Terbinsulfat ein Doppelsalz, welches in kalt gesättigter Kaliumsulfatlösung unlöslich, in heiss gesättigter löslicher ist.

Oxalsäure fällt Terbinoxalat.

Ameisensäure fällt aus mässig concentrirten Terbinlösungen schwer lösliches Terbinformiat; dasselbe löst sich in 221 bis 421 Theilen Wasser; es ist also bedeutend weniger löslich als ameisensaures Erbium und ameisensaures Yttrium.

4. Ytterbium-Verbindungen.

Die Ytterbinsalze haben kein Absorptionsspektrum.

Kalihydrat, Natronhydrat und Ammoniak fällen Ytterbinhydrat.

Oxalsäure fällt Ytterbinoxalat.

Kaliumsulfat bildet mit dem Ytterbinsulfat ein Doppelsalz, welches in überschüssiger concentrirter Kaliumsulfatlösung löslich ist.

Das Ytterbiumnitrat ist eine ziemlich beständige Verbindung; dasselbe geht beim Glühen bis zur partiellen Zersetzung noch nicht ins basische Salz über, wenn Thoriumnitrat, Cernitrat, Urannitrat, Eisennitrat etc. schon zersetzt sind.

5. Scandium-Verbindungen.

Die Verbindungen der Scandinerde sind ohne Absorptionsspektrum.

Kalihydrat, Natronhydrat, Ammoniak, Schwefelammonium fällen aus den Salzlösungen voluminöses Scandinhydrat, das im Ueberschuss des Fällungsmittels unlöslich ist.

Kaliumkarbonat, Natronkarbonat, Ammonkarbonat fällen voluminöses Karbonat, das im Ueberschuss des Fällungsmittels löslich ist.

Oxalsäure fällt einen voluminösen, anfangs amorphen, bald krystallinisch werdenden Niederschlag von Scandiumoxalat; dasselbe ist in Säuren löslicher als die schwer bez. unlöslichen Oxalate der anderen Erden.

Kaliumsulfat bildet mit Scandiumsulfat ein Doppelsalz, welches in einer neutralen gesättigten Kaliumsulfatlösung löslich ist.

Das Scandiumnitrat ist ziemlich unbeständig; dasselbe geht beim Glühen bis zur partiellen Zersetzung viel leichter in unlösliches basisches Salz über als Ytterbium-Nitrat, welches Verhalten deshalb von Wichtigkeit ist, weil bei der Darstellung dieser beiden Erden das Verhalten ihrer Nitrate zur Trennung dient.

Thiosulfat fällt die Scandiumsalze beim Kochen, aber unvollständig,

6. Cer-Verbindungen.

a) Cero- (Cersesquioxyd-) Verbindungen.

Dieselben haben kein Absorptionsspektrum.

Kalihydrat, Natronhydrat fällen aus den Cerosalzlösungen weisses Cersesquioxydhydrat, das im Ueberschuss des Fällungsmittels unlöslich ist und an der Luft gelb wird. Das Hydrat ist fast unlöslich in den Karbonaten und enthält oft basisches Salz. Bei Gegenwart eines Ammoniaksalzes kochend gefällt, bleibt das Hydrat weiss, absorbirt aber die Kohlensäure der Luft (Zschiesche).

Ammoniak fällt basisches Salz; Weinsäure verhindert die Fällung (Unterschied von Yttrium).

Kaliumkarbonat, Natriumkarbonat fällen weisses Karbonat, das im Ueberschuss des Fällungsmittels etwas löslich ist.

Ammonkarbonat fällt ebenfalls weisses amorphes Karbonat; dasselbe wird bald krystallinisch, im Ueberschuss des Fällungsmittels leicht löslich und fällt daraus beim Kochen wieder.

Oxalsäure fällt weisses, voluminöses, anfangs amorphes, allmälig krystallinisch und dichter werdendes oxalsaures Ceroxyd. Die Fällung ist vollständig auch aus mässig saurer Lösung (Unterschied von Aluminium und Beryllium). Das Ceroxalat ist unlöslich in überschüssiger Oxalsäure, aber in sehr viel Chlorwasserstoffsäure; etwas löslich in kochender, concentrirter Lösung von oxalsaurem Ammoniak, woraus es beim Verdünnen und Erkalten sich fast vollständig wieder abscheidet (Unterschied von Thorium).

Kaliumsulfat in gesättigter Lösung fällt auch aus etwas saurer Lösung weisses Ceroxyd-Kalisulfat (Unterschied von Beryllium und Aluminium). Das Doppelsalz ist schwer löslich in kaltem Wasser, leichter in heissem, fast garnicht in einer gesättigten Lösung von schwefelsaurem Kali (Unterschied von Yttrium). Durch Kochen mit Wasser und Salzsäure lässt sich der Niederschlag lösen.

Natriumsulfat verhält sich wie Kaliumsulfat.

Baryumkarbonat fällt kalt nicht, beim Erhitzen aber vollständig.

Thiosulfat fällt beim Kochen auch sehr concentrirte Lösungen nicht. Der niederfallende Schwefel reisst nur geringe Mengen des Salzes mit nieder.

Unterchlorigsaure Alkalien bewirken einen hellgelben Niederschlag von Cerdioxydhydrat.

Löst man ein Ceroxydsalz in Salpetersäure unter Hinzufügen eines gleich grossen Volumen Wasser, setzt eine geringe Menge Bleisuperoxyd zu und kocht einige Minuten, so färbt sich die Lösung, auch wenn nur geringe Menge Cer zugegen, infolge der Bildung von Cerdioxydsalz, gelb. Verdampft man diese Lösung zur Trockne und erhitzt den Rückstand bis zum Entweichen eines Theiles der Säure, so löst mit Salpetersäure angesäuertes Wasser kein Cer (wohl aber demselben beigemengtes Lanthanoxyd und Didymoxyd) (Gibbs).

Versetzt man eine Ceroxydlösung (wenn sie viel freie Säure enthält nach dem Verdampfen derselben) mit Kalihydrat oder Natronhydrat bis zur deutlich alkalischen Rekation, verdampft zur Trockne und übergiesst den Rückstand mit einer Auflösung von Strychnin in concentrirter Schwefelsäure (etwa 1: 1000) so entsteht eine prächtig blauviolette Färbung, deren Farbe bald in Roth übergeht (Plugge).

Wasserstoffsuperoxyd bewirkt mit Ammoniumacetat in den Cerosalzlösungen eine braunrothe Färbung, und dann einen gelatinösen Niederschlag.

Wasserstoffsuperoxyd und Ammoniak giebt einen orangegelben charakteristischen Niederschlag von Cerihydrat. Diese von Lecoq de Boisbaudran angegebene Reaktion ist sehr empfindlich.

b) Ceri-Verbindungen.

Die Cerisalze sind roth oder orangegelb; sie lassen sich leicht durch reducirende Mittel in die Cerosalze überführen.

Kalihydrat, Natronhydrat, Ammoniak fällen gelbes

Cerihydrat, das mit basischem Salz gemischt und im Ueberschuss des Fällungsmittels unlöslich ist.

Kaliumkarbonat sowie Bikarbonat fällen gelbes Cerikarbonat, das im Ueberschuss unlöslich ist.

Ammoniumkarbonat giebt einen gelben Niederschlag, der im Ueberschuss des Fällungsmittels löslich ist, durch Kochen aber wieder aus solcher Lösung gefällt wird.

Baryumkarbonat fällt Cerisalzlösungen vollständig aber langsam.

Oxalsäure fällt weisses Cerioxalat, welches in kochender Ammonoxalatlösung nicht löslich ist.

Ferrocyankalium bewirkt einen gelben Niederschlag.

Schweflige Säure entfärbt die Cerisalzlösungen. In der Oxydationsflamme geben die Cerisalze mit Borax oder Phosphorsalz eine rothe Perle, die beim Erkalten farblos wird.

In der Reduktionsflamme ist die Perle farblos.

7. Lanthan-Verbindungen.

Die Lanthansalze sind farblos, von adstringirendem Geschmack und haben kein Absorptionsspektrum.

Kalihydrat und Natronhydrat fällen lachsfarbenes Lanthanhydroxyd; es ist gelatinös, mit basischem Salze gemischt und im Ueberschuss des Fällungsmittels unlöslich; es zieht Kohlensäure aus der Luft an.

Ammoniak fällt basisches Salz.

Kaliumkarbonat sowie Bikarbonat fällen im Ueberschuss des Fällungsmittels unlösliches Karbonat.

Ammoniumkarbonat fällt ebenfalls im Ueberschuss des Fällungsmittels unlösliches Karbonat, wodurch sich die Lanthanverbindungen von den Cer-Verbindungen unterscheiden.

Baryumkarbonat fällt schon in der Kälte. Die Fällung ist vollständig.

Oxalsäure fällt weisses Lanthanoxalat, welches in kochender Ammoniumoxalatlösung löslich ist, sich jedoch beim Verdünnen und Erkalten vollständig wieder ausscheidet.

Kaliumsulfat in gesättigter Lösung fällt auch aus etwas saurer Lösung weisses Lanthan-Kalisulfat. Das Doppelsalz ist schwer löslich in kaltem Wasser, garnicht löslich in einer gesättigten Lösung von schwefelsaurem Kali.

Thiosulfatlösung fällt Lanthansalze nicht.

Uebersättigt man eine kalte, verdünnte Lösung von essigsaurem Lanthanoxyd mit Ammoniak, wäscht den schleimigen Niederschlag mehrmals mit kaltem Wasser und fügt etwas gepulvertes Jod hinzu, so entsteht eine allmälige, die ganze Masse durchziehende Blaufärbung. (Charakteristischer Unterschied des Lanthans von den anderen Erden.)

8. Didym-Verbindungen.

Die Didymsalze sind roth oder violett von adstringirendem Geschmack und ihre Lösungen haben ein charakteristisches Absorptionsspektrum.

Kalihydrat, Natronhydrat fällen blassrosenrothes Didymhydroxyd; dasselbe ist im Ueberschuss des Fällungsmittels unlöslich; bei Gegenwart von Weinsteinsäure ist es löslich, wie denn überhaupt Weinsäure die Fällung der Didymsalze durch Alkalien verhindert.

Ammoniak fällt rosenrothes basisches Salz, das bei Gegenwart von Weinsäure löslich ist; auch etwas in Ammonkarbonat löslich ist.

Kaliumkarbonat, Ammoniumkarbonat fällen Didymkarbonat als einen im Ueberschuss des Fällungsmittels unlöslichen, auch nicht in überschüssigem kohlensauren Ammon löslichen Niederschlag; derselbe ist etwas in concentrirter Chlorammoniumlösung löslich.

Baryumkarbonat fällt die Didymsalze vollständig.

Ferrocyankalium fällt weisses Ferrocyansalz.

Kaliumsulfat in concentrirter Lösung fällt die Didymsalze langsam und weniger vollständig als die Cersalze; das Didym-Kaliumsulfat ist unlöslich in überschüssiger Kaliumsulfatlösung, schwer löslich in Wasser, schwer löslich in heisser verdünnter Chlorwasserstoffsäure. (Eine Didymsulfatlösung wird nicht durch Alkoholzusatz gefällt.)

Oxalsäure fällt weisses Didymoxalat; dasselbe ist schwer löslich in kalter Salzsäure, leichter beim Erhitzen, es ist schwerer in Salpetersäure löslich als die entsprechende Lanthanverbindung und verhält sich gegen oxalsaure Ammoniaklösung wie Cersalz.

Thiosulfat fällt Didymsalzlösungen nicht.

Borax giebt mit grösserer Menge Didymsalz, eine schwach amethystfarbene Perle in beiden Flammen.

Phosphorsalz giebt in der Oxydationsflamme eine bläuliche bis amethystfarbene Perle; in der Reduktionsflamme verschwindet die Farbe.

Mit Soda geschmolzen, geben Didymverbindungen in der äusseren Flamme eine grauweisse Masse (Unterschied von Manganverbindungen).

9. Samarium-Verbindungen.

Die Samariumsalze sind gelb und ihre Lösungen haben ein charakteristisches Absorptionsspektrum und ein charakteristisches Phosphorescenzspektrum.

Kalihydrat, Natronhydrat, Ammoniak fällen Hydroxyd, welches im Ueberschuss des Fällungsmittels unlöslich ist.

Kaliumkarbonat und Bikarbonat fällen voluminöses, gallertartiges Samariumkarbonat, welches, wenn frisch gefällt, im Ueberschuss des Fällungsmittels löslich ist.

Oxalsäure fällt weisses anfangs amorphes, allmälig krystallinisch werdendes Oxalat; ebenso verhalten sich oxalsaure Alkalien.

Ferrocyankalium fällt gelbes, amorphes Ferrocyanid.

Kaliumsulfat giebt einen Niederschlag des Doppelsalzes, der in gesättigter Kaliumsulfatlösung nur wenig löslich ist.

Thiosulfat fällt auch beim Kochen die Samariumsalzlösungen nicht.

Weinsäure fällt weisses, amorphes Tartrat; der Niederschlag ist beim Erhitzen löslich.

Ameisensaures Ammoniak fällt in concentrirten Lösungen das nur wenig lösliche Formiat.

10. Thor-Verbindungen.

Die Thorsalze sind farblos, von adstringirendem Geschmack.

Kalihydrat, Ammoniak, Natronhydrat, Schwefelammonium fällen weisses Thorhydroxyd; der Niederschlag ist im Ueberschuss des Fällungsmittels, auch des Kalihydrats unlöslich. (Unterschied von Beryllium und Aluminuim.) Weinsäure und Citronensäure verhindern die Fällung.

Kaliumkarbonat, Ammoniumkarbonat fällen weisses, basisches Thorkarbonat, welches im Ueberschuss des Fällungsmittels, wenn koncentrirt leicht, wenn verdünnt, schwer löslich ist. In Ammonkarbonat ist der Niederschlag leicht löslich. Eine solche Lösung wird von Ammoniak nicht gefällt. Die Lösung in Ammonkarbonat scheidet schon bei 50^0 wieder basisches Salz ab, wird indessen beim Erkalten wieder klar.

Baryumkarbonat fällt die Thorsalzlösungen vollständig. (Weinsäure und Citronensäure verhindern die Fällung.)

Oxalsäure fällt weisses Oxalat (Unterschied von Aluminium und Beryllium); die Fällung ist vollständig; der Niederschlag ist unlöslich im Ueberschuss von Oxalsäure; er ist löslich in verdünnten Mineralsäuren, wie auch in einer freie Essigsäure enthaltenden Lösung von Ammoniumacetat (Unterschied von Yttrium und Cer), so dass letzteres Salz zum Theil die Fällung durch Ammonoxalat verhindert. Aus der Ammoniumacetatlösung wird das Oxalat wieder von Chlorwasserstoffsäure gefällt; es ist ferner löslich in einer kochenden Lösung von Ammonoxalat nnd fällt aus dieser Lösung nicht wieder, wenn man verdünnt und erkalten lässt (Unterschied von Cer, Lanthan, Didym und Yttrium).

Oxalsaures Ammon fällt kalt; der Niederschlag ist löslich in der Hitze und krystallisirt beim Erkalten, falls grösserer Ueberschuss des Reagens vermieden wird. — Ueberschüssige Salzsäure fällt das Oxalat quantitativ beim Abkühlen.

Wird die heisse Thorlösung mit einem grossen Ueberschuss von oxalsaurem Ammoniak versetzt, so tritt auch in der Kälte keine Fällung mehr ein.

Ferrocyankalium fällt weisses Ferrocyanür.

Kaliumsulfat in concentrirter Lösung fällt die Thorsalzlösungen langsam aber vollständig (Unterschied von Aluminium und Beryllium) als Thorkaliumsulfat. Das Doppelsalz ist langsam in kaltem, leicht in heissem Wasser löslich; es löst sich nicht in einer gesättigten Kaliumsulfatlösung. (Das wasserfreie Thorsulfat löst sich in Eiswasser, aber beim Erhitzen, ja schon bei Zimmertemperatur scheidet es sich in hydratischem, sehr schwer löslichem Zustande aus (Unterschied von Al, Be, Ce, Y etc.) Führt man durch Erhitzen das Salz aus dem hydratischen wieder in den wasserfreien Zustand über, so löst es sich wieder in Eiswasser (Unterschied von Titansäure).

Thiosulfat fällt aus neutralen und schwach sauren Lösungen

der Thorsalze beim Kochen Thoriumhyposulfit in Form eines mit Schwefel gemengten Niederschlages. Eine schwach saure Lösung wird ziemlich vollständig gefällt (Unterschied von den Ceritoxyden, Yttrium etc.).

Fluorwasserstoffsäure fällt die Thoriumsalze als Fluorthorium als anfangs gelatinös, allmälig pulverig werdenden Niederschlag, welcher in Wasser und Fluorwasserstoffsäure unlöslich ist.

11. Zirkon-Verbindungen.

Die Zirkonsalze sind farblos, theils löslich, theils unlöslich; von adstringirendem Geschmack.

Kalihydrat, Natronhydrat, Ammoniak, Schwefelammonium fällen weisses, voluminöses, flockiges Zirkonhydrat, welches im Ueberschuss des Fällungsmittels unlöslich ist (Unterschied von Aluminium und Beryllium). Der durch die fixen Alkalien gebildete Niederschlag ist oft alkalihaltig. Kochende Chlorammoniumlösung löst den Niederschlag nicht (Unterschied .von Beryllium). Weinsäure verhindert die Fällung durch Alkalien.

Kaliumkarbonat, Natriumkarbonat, Ammoniumkarbonat fällen allmälig basisch-kohlensaure Zirkonerde als weissen, flockigen Niederschlag, welcher etwas löslich ist in grossem Ueberschuss von Kaliumkarbonat, leichter löslich in doppelt kohlensaurem Kali, am leichtesten in Ammonkarbonat (Unterschied von Aluminium); aus dieser Lösung scheidet sich beim Kochen gallertartiges Hydrat ab.

Baryumkarbonat fällt die Zirkonsalzlösungen nicht vollständig, selbst beim Kochen nicht.

Oxalsäure giebt einen fein krystallinischen Niederschlag von oxalsaurer Zirkonerde (Unterschied von Aluminium und Beryllium); derselbe ist im Ueberschuss der Oxalsäure etwas löslich, namentlich beim Erwärmen; er ist löslich in Chlorwasserstoffsäure; ferner löslich in einer überschüssigen Lösung von oxalsaurem Ammon und zwar schon in der Kälte (Unterschied von Thorerde); diese Lösung wird durch Ammoniak wieder vollständig gefällt.

Oxalsaures Ammon fällt auch Zirkonoxalat, welches im Ueberschuss des Fällungsmittels löslich ist.

Ferrocyankalium fällt in neutraler Lösung besonders in basischem Chlorid die gelbgrüne Ferrocyanverbindung der Zirkonerde.

Kaliumsulfat in concentrirter Lösung fällt, besonders heiss, weisses Zirkon-Kalisulfat; der Niederschlag ist in überschüssiger Kalisulfatlösung unlöslich (Unterschied von Aluminium und Beryllium). Der kalt gefällte Niederschlag ist in viel Salzsäure löslich; der heiss gefällte ist in Wasser und Salzsäure fast ganz unlöslich, (Unterschied von Thor und Cer).

Phosphorsäure und phosphorsaure Alkalien fällen einen weissen Niederschlag von Zirkonphosphat.

Thiosulfat fällt beim Kochen weisses Zirkonthiosulfat auch dann, wenn auf ein Theil des Oxyds 100 Theile Wasser kommen (Trennung von Cer) (Unterschied von Yttrium und Didym). Der Niederschlag ist mit Schwefel gemischt.

Bernsteinsäure und benzoesaure Alkalien bilden weisse Niederschläge von bernsteinsaurer resp. benzoesaurer Zirkonerde.

Wasserstoffsuperoxyd in concentrirter Lösung fällt weisses, voluminöses Hydrat des Zirkonpentoxydes (Z_2O_5). Die Fällung ist vollständig. Der Niederschlag ist in einprocentiger Schwefelsäure sowie in verdünnter Essigsäure unlöslich.

Jodsaures Alkali giebt in den schwach sauren Lösungen der Zirkonsalze Niederschlag von Zirkonjodat. Die Fällung ist vollständig (Trennung von Aluminium).

Fluorwasserstoffsäure fällt Zirkonsalzlösungen nicht (Unterschied von Thor und Yttria).

Zu Curcumapapier verhält sich eine salzsaure Zirkonerdelösung ähnlich wie eine Borsäurelösung: säuert man die Lösungen der Zirkonsalze mit Salzsäure oder Schwefelsäure schwach an, taucht Curcumapapier ein und trocknet, so färbt sich dasselbe orangegelb bis rothbraun (Unterschied von den anderen Erden).

b) Vergleichende Uebersicht der

Reagens	Yttriumsalze	Erbiumsalze	Terbiumsalze
Kalilauge, Natronlauge	fällt weisses Yttriahydrat, unlöslich im Ueberschuss, Weinsäure verhindert nicht	fällt amethystrothes Erbinhydrat, unlöslich im Ueberschuss	fällt gallertartiges Terbinhydrat, unlöslich im Ueberschuss
Ammoniak bezw. Schwefelammonium	verhält sich wie Kalilauge	fällt basisches Salz, vollständige Fällung auch bei Gegenwart von Weinsäure	fällt gallertartiges Terbinhydrat, unlöslich im Ueberschuss
Kaliumkarbonat bezw. Bikarbonat	fällt weisses Yttriumkarbonat, schwer löslich im Ueberschuss	fällt Erbinkarbonat, löslich im Ueberschuss	
Ammoniumkarbonat	fällt weisses Yttriumkarbonat, leichter löslich im Ueberschuss als in Kaliumkarbonat	fällt Erbinkarbonat, löslich im Ueberschuss	
Baryumkarbonat	fällt kalt nicht, aber beim Kochen	fällt langsam in der Kälte, schneller beim Erwärmen	
Oxalsäure	fällt weisses Yttriumoxalat, unlöslich im Ueberschuss. löslich in kochender Ammonoxalatlösung, woraus es sich beim Erkalten und Verdünnen vollständig wieder abscheidet	fällt weisses Erbinoxalat, löslich in kochender Ammonoxalatlösung, woraus es sich beim Erkalten und Verdünnen vollständig wieder ausscheidet	fällt weisses Terbinoxalat

Reaktionen der seltenen Erden.

Ytterbiumsalze	Scandiumsalze	Cerosalze	Cerisalze
fällt weisses Ytterbinhydrat	fällt voluminöses Scandinhydrat, unlöslich im Ueberschuss	fällt weisses Cerohydroxyd, unlöslich im Ueberschuss, wird an der Luft gelb und enthält oft basisches Salz	fällt gelbes Cerihydrat mit basischem Salz gemischt, unlöslich im Ueberschuss
fällt weisses Ytterbinhydrat	fällt voluminöses Scandinhydrat, unlöslich im Ueberschuss	fällt basisches Salz, Weinsäure verhindert die Fällung (fällt nach Thor)	fällt gelbes Cerihydrat mit basischem Salz gemischt, unlöslich im Ueberschuss
	fällt voluminöses Scandiumkarbonat, löslich im Ueberschuss	fällt weisses Karbonat, etwas löslich im Ueberschuss	fällt gelbes Cerikarbonat, unlöslich im Ueberschuss
	fällt voluminöses Scandiumkarbonat, löslich im Ueberschuss	fällt weisses Cerokarbonat, etwas löslich im Ueberschuss	fällt gelbes Cerikarbonat, löslich im Ueberschuss
		fällt kalt nicht, beim Erhitzen aber vollständig	fällt vollständig, aber langsam
fällt weisses Ytterbinoxalat	fällt weisses Scandiumoxalat, leichter in Säuren löslich als die Oxalate der anderen Erden	fällt weisses Cerooxalat, unlöslich im Ueberschuss, löslich in kochender Ammonoxalatlösung, woraus es sich beim Erkalten und Verdünnen vollständig wieder abscheidet	fällt weisses Cerioxalat, in kochender Ammonoxalatlösung unlöslich

Reagens	Yttriumsalze	Erbiumsalze	Terbiumsalze
Kaliumsulfat in concentrirter Lösung	fällt nicht (das Yttria-Kalisulfat ist in Wasser und in gesättigter Kali-Sulfatlösung leicht löslich)	fällt conc. Lösung als Kalisulfat-Doppelsalz leicht löslich in kaltem Wasser, schwer löslich in Kalisulfatlösung	fällt Kalisulfat-Doppelsalz, kalt in gesättigter Kalisulfatlösung unlöslich, heiss löslicher
Thiosulfat	fällt nicht	fällt nicht	
Ferrocyankalium			
Fluorwasserstoffsäure	fällt Fluor-Yttrium, unlöslich in Wasser und Flusssäure, löslich in Mineralsäuren		
Ameisensäure bezw. Ammonformiat	fällt nicht (das Yttriumformiat ist sehr leicht löslich)	fällt nicht (das Erbinformiat ist leicht löslich)	fällt schwer lösliches Terbinformiat
Kaliumchromat	fällt basisches Yttriumchromat, quantitativ, wenn die auftretende Säure neutralisirt wird		
Weinsäure			
Bernsteinsäure		fällt keine Erbinerde, bei Gegenwart von Yttria werden jedoch beide gefällt	

Ytterbiumsalze	Scandiumsalze	Cerosalze	Cerisalze
fällt nicht, da das Ytterbinkaliumsulfat in gesättigter Kaliumsulfatlösung löslich ist	fällt Kaliumsulfatdoppelsalz, das in Kaliumsulfatlösung ganz unlöslich ist	fällt Ceroxydkalisulfat, unlöslich in conc. Kalisulfatlösung	fällt Doppelsalz, unlöslich in conc. Kalisulfatlösung
Das Ytterbiumnitrat ist so beständig, dass dasselbe beim Glühen bis zur partiellen Zersetzung noch nicht ins basische Salz übergeht, wenn Thoriumnitrat, Cernitrat, Urannitrat, Eisennitrat, Scandiumnitrat etc. schon zersetzt sind	fällt beim Kochen, aber unvollständig	fällt nicht	fällt nicht
	Das Scandiumnitrat ist ziemlich unbeständig, so dass es beim Glühen bis zur partiellen Zersetzung viel leichter in unlösliches basisches Salz übergeht, als Ytterbiumnitrat	Unterchlorigsaure Alkalien fällen gelbes Cerdioxydhydrat. — Giebt man Bleisuperoxyd zur salpetersauren Lösung eines Cerosalzes und kocht, so färbt sich die Lösung gelb. Strychninlösung in concentrirter Schwefelsäure zum Verdampfungsrückstand einer alkalischen Cerolösung gesetzt, ruft eine prächtige, blauviolette Färbung hervor. Wasserstoffsuperoxyd fällt orangegelbes Cerihydrat.	fällt gelbes Ferrocyancer
			Schweflige Säure entfärbt die Cerisalzlösungen

Reagens	Lanthansalze	Didymsalze	Samariumsalze
Kalilauge, Natronlauge	fällt lachsfarbenes Lanthanhydroxyd, unlöslich im Ueberschuss	fällt rosenrothes Didymhydroxyd, unlöslich im Ueberschuss, Weinsäure verhindert die Fällung	fällt Samariumhydroxyd, unlöslich im Ueberschuss
Ammoniak bezw. Schwefelammonium	fällt basisches Salz	fällt rosenrothes basisches Salz, etwas löslich in Ammonkarbonat, Weinsäure verhindert die Fällung	fällt Samariumhydroxyd, unlöslich im Ueberschuss
Kaliumkarbonat bezw. Bikarbonat	fällt Lanthankarbonat, unlöslich im Ueberschuss	fällt Didymkarbonat, unlöslich im Ueberschuss	fällt Karbonat, wenn frisch gefällt löslich im Ueberschuss
Ammoniumkarbonat	fällt Lanthankarbonat, unlöslich im Ueberschuss	fällt Didymkarbonat, unlöslich im Ueberschuss	fällt Karbonat, im Ueberschuss löslich
Baryumkarbonat	fällt schon in der Kälte vollständig	fällt vollständig	
Oxalsäure	fällt weisses Oxalat, löslich in kochender Ammonoxalatlösung scheidet sich wieder aus beim Erkalten und Verdünnen, leichter löslich in Salpetersäure als Didymoxalat	fällt weisses Oxalat, löslich in kochender Ammonoxalatlösung, scheidet sich wieder aus beim Erkalten und Verdünnen, schwerer in Salpetersäure löslich als Lanthanoxalat	fällt weisses Oxalat

Thoriumsalze	Zirkonsalze	Berylliumsalze	Aluminiumsalze
fällt weisses Thorhydrat, unlöslich im Ueberschuss, Weinsäure und Citronensäure verhindern die Fällung	fällt weisses Hydrat, unlöslich im Ueberschuss, unlöslich in Chlorammonium, Weinsäure verhindert die Fällung	fällt weisses Hydrat, löslich im Ueberschuss, fällt wieder beim Kochen und Verdünnen, besonders durch Chlorammonium	fällt weisses Hydrat, löslich im Ueberschuss, fällt beim Kochen mit Chlorammonium
fällt weisses Thorhydrat, unlöslich im Ueberschuss (vor Cer)	fällt weisses Hydroxyd, unlöslich im Ueberschuss, auch in kochender Chlorammonlösung, Weinsäure verhindert die Fällung	fällt weisses Hydrat, wenig löslich in grossem Ueberschuss	fällt weisses Thorerdehydrat, löslich in grossem Ueberschuss, um so schwieriger, je mehr Ammoniaksalze die Thorerdelösung enthält, Weinsäure verhindert diese Fällungen
fällt Thorkarbonat, im Ueberschuss löslich, wenn conc.	fällt weisses Zirkonkarbonat, löslich in grossem Ueberschuss	fällt Beryllkarbonat, schwer löslich in grossem Ueberschuss auch beim Einleiten von Kohlensäure	fällt basisches Karbonat, im Ueberschuss von fixem Alkali etwas löslich, von Ammonkarbonat nur wenig, Weinsäure verhindert die Fällung
fällt weisses Karbonat, im Ueberschuss leicht löslich	fällt weisses Karbonat, leichter löslich im Ueberschuss als bei Kaliumkarbonat, beim Kochen Wiederausscheidung	fällt nicht, nur beim Kochen	fällt nicht
fällt vollständig, Weinsäure und Citronensäure verhindern die Fällung	fällt nicht vollständig, auch beim Kochen nicht		fällt Thonerdehydrat gemischt mit basischem Thonerdesalz
fällt weisses Oxalat, löslich in Ammonacetat, löslich in kochendem Ammonoxalat, scheidet sich nicht wieder aus beim Erkalten und Verdünnen	fällt weisses Oxalat, etwas löslich im Ueberschuss, löslich in kalter Lösung von oxalsaurem Ammon	fällt nicht	fällt nicht

<table>
<tr><th>Reagens</th><th>Lanthansalze</th><th>Didymsalze</th><th>Samariumsalze</th></tr>
<tr><td>Kaliumsulfat concentrirte Lösung</td><td>fällt Doppelsalz, Lanthankalisulfat, unlöslich im Ueberschuss</td><td>fällt Doppelsalz, weniger vollständig als Lanthansalze, unlöslich im Ueberschuss</td><td>fällt Doppelsalz, wenig löslich im Ueberschuss</td></tr>
<tr><td>Thiosulfat</td><td>fällt nicht</td><td>fällt nicht</td><td>fällt nicht</td></tr>
<tr><td>Ferrocyankalium</td><td rowspan="7">wäscht man den Niederschlag aus essigsaurer Lanthanerde und Ammoniak mehrmals mit Wasser aus und fügt etwas gepulvertes Jod zu, so entsteht Blaufärbung</td><td>fällt weisses Ferrocyandidym</td><td>fällt gelbes Ferrocyanid des Samariums</td></tr>
<tr><td>Fluorwasserstoffsäure</td><td></td><td></td></tr>
<tr><td>Ameisensäure bezw. Ammonformiat</td><td></td><td>fällt das schwer lösliche Samariumformiat</td></tr>
<tr><td>Kaliumchromat</td><td></td><td></td></tr>
<tr><td>Weinsäure</td><td></td><td>fällt weisses Tartrat, beim Erhitzen löslich</td></tr>
<tr><td>Bernsteinsäure</td><td></td><td></td></tr>
</table>

Thoriumsalze	Zirkonsalze	Berylliumsalze	Aluminiumsalze
fällt Thorkaliumsulfat, unlöslich im Ueberschuss und schwer löslich im Wasser, (die Natronverbindung ist viel löslicher)	fällt Zirkonkaliumsulfat, unlöslich im Ueberschuss, der heiss gefällte Niederschlag ist in Wasser und Salzsäure unlöslich	fällt nicht (keine Bildung von schwer löslichen Doppelsalzen)	Alaunbildung
fällt Thoriumhyposulfit als mit Schwefel gemischten Niederschlag beim Kochen	fällt Zirkonthiosulfat mit Schwefel gemischt auch in verdünnter Lösung	fällt nicht	fällt etwas in neutraler Lösung beim Kochen
fällt weisses Ferrothoriumcyanür	fällt gelbgrünes Ferrocyanzirkon		
fällt Fluorthorium, unlöslich im Ueberschuss	fällt nicht	mit Fluorwasserstoff-Fluorkalium geschmolzen liefert eine Schmelze, die sich in Wasser mit Flusssäure löst	mit Fluorwasserstoff-Fluorkalium geschmolzen liefert eine Schmelze, die sich in Wasser mit Flusssäure nicht löst
	Wasserstoffsuperoxyd fällt Zirkonpentoxyd, die Fällung ist vollständig, jodsaures Alkali fällt Zirkonjodat. die Fällung ist vollständig, Curcumapapier wird orangegelb bis rothbraun		
	fällt weisse bernsteinsaure Zirkonerde		

Wir haben es für zweckmässig befunden, die Reaktionen von Aluminium- und Beryllium-Salzen in der vergleichenden Tabelle der Reaktionen der seltenen Erden mit aufzuführen, weil im analytischen Gange diese Salze meist mit den Salzen der seltenen Erden zusammen vorkommen und zusammen abgeschieden werden.

c) Systematischer Gang zur qualitativen Auffindung der Verbindungen der seltenen Erden.

Aus einer Lösung, welche von allen durch Schwefelwasserstoff in saurer Lösung fällbaren Elementen befreit ist, können durch Ammoniak und Schwefelammonium gefällt werden die Hydrate von:

Chrom, Aluminium, Cer, Lanthan, Didym, Zirkon, Thorium, Yttrium, Uran, Glucinium; die Sulfide von Eisen, Mangan, Zink, Nickel, Kobalt; endlich die Oxalate, Borate, Phosphate etc. von Baryum, Strontium, Calcium, Magnesium.

Alle diese Substanzen werden nun nach der im folgenden beschriebenen Methode getrennt resp. nachgewiesen [1]).

Der gut gewaschene Niederschlag wird mit Salzsäure in der Wärme behandelt, wobei sich alle Verbindungen bis auf die Sulfide des Nickels und Kobalts lösen.

Kobaltsulfid und Nickelsulfid werden folgendermassen neben einander erkannt: beide werden im Porzellantiegel bei Luftzutritt geglüht, bis die Filterkohle verbrannt ist; der Rückstand mit Salzsäure unter Zusatz einiger Tropfen Salpetersäure erwärmt. Diese Lösung enthält gewöhnlich, wenn viel Eisen zugegen war, noch etwas Eisen neben Kobalt und Nickel. Man versetzt sie daher zunächst nach Zusatz von etwas Wasser mit Ammoniak im mässigen Ueberschuss filtrirt, wenn erforderlich, verdampft die ammoniakalische Lösung in einer kleinen Porzellanschale zur Trockne, verjagt die Ammonsalze durch gelindes Glühen, löst den Rückstand in Salzsäure unter Zusatz von einigen Tropfen Salpetersäure, verdampft die Lösung bis auf einen kleinen Rest, setzt vorsichtig Natriumkarbonat

---

1) Siehe auch Posetto: Ueber eine neue systematische Methode zur gleichzeitigen qualitativen Analyse der Basen der vierten Gruppe und der seltenen Erden. Giorn. Farm. Chim. **48**, **49—54**, Turin, städt. chem. Lab. Nach Chem. Centralblatt **1898**, I, 634.

zu bis zur alkalischen, dann Essigsäure bis zur stark sauren Reaktion und schliesslich Kaliumnitrit in nicht zu geringer Menge.

Beim Stehen der Flüssigkeit in gelinder Wärme scheidet sich nunmehr das Kobalt, wenn es in grösserer Menge zugegen ist, bald, wenn nur wenig vorhanden, nach längerer Zeit in Gestalt gelben salpetrigsauren Kobaltoxydkalis aus. Man filtrirt nach ca. zwölfstündigem Stehen ab und fällt aus dem Nitrat das Nickel mit Kalilauge oder Natronlauge, welche einen hellgrünen, im Ueberschuss des Fällungsmittels unlöslichen, an der Luft und beim Kochen unveränderlichen Niederschlag von Nickeloxydhydrat bewirken.

Die salzsaure Lösung wird mit einigen Tropfen Salpetersäure versetzt, gekocht, abgekühlt und bis zur alkalischen Reaktion mit concentrirter Kalilauge versetzt. Hierdurch werden alle Elemente ausser Beryllium gefällt, welches aus dem Filtrat durch Zusatz von Wasser und Erwärmen niedergeschlagen werden kann.

Kocht man den Hauptniederschlag mit Kalihydrat, so gehen Zink und Aluminium in Lösung und können in Proben dieser Lösung theils durch Ammoniumchlorid, theils durch Schwefelwasserstoff nachgewiesen werden.

Wird der Rückstand nun mit Ammonkarbonat übergossen, 12 Stunden sich selbst überlassen, so gehen die Dikarbonate der seltenen Erden Cer, Thorium, Zirkon, Lanthan, Uran, Didym, Yttrium in Lösung, während Mangan, Eisen, Chrom und die Phosphate, Borate und Oxalate der Erdalkalien ungelöst bleiben.

In diesem Rückstande wird Eisen mit der Rhodan- und der Berlinerblau-Reaktion, Chrom mittels Bleisuperoxyd (das Chromoxyd wird gelöst, die Lösung mit Kalilauge oder Natronlauge und etwas überschüssigem braunem Bleisuperoxyd versetzt und kurze Zeit gekocht; hierbei wird das Chromoxyd zu Chromsäure oxydirt. Man erhält daher beim Filtriren eine gelbe Flüssigkeit, eine Auflösung von chromsaurem Bleioxyd in Kalilauge oder Natronlauge. Beim Ansäuren mit Essigsäure scheidet sich jenes als gelber Niederschlag ab), Mangan durch die grüne Schmelze mit Kaliumnitrat und Natriumkarbonat nachgewiesen.

Den Rest dieses Rückstandes kocht man mit Natriumkarbonatlösung, filtrirt von dem Ungelösten ab, löst den Filterrückstand mittels Chlorwasserstoffsäure, fällt diese Lösung mit Ammoniak und Schwefelammonium und giebt das Filtrat zum ersten Filtrat, welches auf die folgende Gruppe untersucht werden soll. Die Lösung, welche die Dikarbonate der seltenen Erden enthält, wird so lange gekocht, bis die Karbonate dieser Erden ausgefallen sind. Man filtrirt dieselben ab und weist die einzelnen Elemente nach, wie folgt:

1. Eine kleine Probe des Filterrückstandes wird mit Wasserstoffsuperoxyd behandelt. Geht hierbei die Farbe des Rückstandes von weiss in gelb über, so ist Cer vorhanden.

2. Eine weitere Probe wird in einem Schälchen mit einem Jodkrystall zusammengebracht. Bei Gegenwart von Lanthan wird die weisse Masse blau.

3. Eine in sehr verdünnter Salzsäure gelöste Probe wird mit einem Streifen Curcumapapier allmälig auf 100^0 erhitzt. Färbt sich der Streifen orangeroth, so ist Zirkon zugegen.

4. Eine weitere Probe der salzsauren Lösung wird mit Ferrocyankalilösung auf Uran geprüft.

5. Eine dritte kleine Menge der salzsauren Lösung wird mit Natriumbikarbonatlösung behandelt. Entsteht ein weisser, im Ueberschuss des Fällungsmittels unlöslicher Niederschlag, so liegt Didym vor.

6. Der ganze Rest des Rückstandes wird in Salzsäure gelöst, die Lösung mit Kalilauge neutralisirt und mit Kaliumsulfat-Krystallen gekocht, wobei die Doppelsulfate von Thorium, Zirkonium und Cer mit Kaliumsulfat ausfallen. Yttriumsulfat bleibt in Lösung und kann aus derselben mit Ammoniak als Yttererdehydrat ausgeschieden werden. Werden die gefällten Doppelsalze mit Salzsäure gekocht, so bleibt das Zirkon ungelöst; in Lösung gehen Thor und Cer und können aus dieser Lösung als Oxalate wieder gefällt werden. Löst man die beiden Oxalate in concentrirter Ammoniumoxalatlösung, so kann Ceroxalat aus dieser Lösung durch Verdünnen mit Wasser entfernt und nach dem Filtriren Thoriumhydroxyd aus dem Filtrat mittels Ammoniak gefällt werden.

B. Quantitative chemische Analyse.

I. Trennungsmethoden.

1. Die Gadoliniterden.

Bezüglich der Trennung der Gadoliniterden, soweit es die Gewinnung der Yttria, der Mosander'schen Erbinerde und die Terbinerde betrifft, verweisen wir auf die in Theil III über die Reindarstellung dieser Erden besprochenen Methoden. Bezüglich der weiteren Zerlegung und Trennung der Erbinerde, in die Ytterbinerde, Scandinerde, Holminerde, Thulinerde, sodann der Trennung der hierhergehörenden Philippinerde, Decipinerde, des Samariumoxyds verweisen wir, um Wiederholungen zu vermeiden, auf die Abscheidungen und Trennungsmethoden, wie sie bei den betreffenden Erden beschrieben sind. Es sei hier nur noch einmal darauf hingewiesen, dass diese Erden wegen ihres Verhaltens zu einer concentrirten Kaliumsulfatlösung zweckmässig der Uebersichtlichkeit wegen in zwei Gruppen getheilt werden können: 1. in solche, deren Kaliumdoppelsulfate in Kaliumsulfatlösung löslich sind und 2. solche, deren Kaliumdoppelsulfate in Kaliumsulfatlösung unlöslich sind. Zu der ersten Gruppe gehören mit wenigen Ausnahmen: Yttererde, Erbinerde, Terbinerde, Ytterbinerde, Scandinerde; zur zweiten Gruppe gehören: Philippinerde, Decipinerde, Samariumoxyd, Holminerde, Thulinerde.

Ein neues Trennungsverfahren der Gadoliniterden beschreiben W. Muthmann und R. Böhm[1]). Die neutralen Chromate der seltenen Erden sind fast immer sehr wenig löslich; falls krystallisirt, entsprechen sie der Formel $R_2(CrO_4)_3 + nH_2O$, wobei n meist = 8 ist. Diese Salze bilden ein vorzügliches Material zur Trennung von Erdgemischen, und zwar besonders dann, wenn man sie aus sehr verdünnten, in lebhafter Bewegung befindlichen Lösungen der löslichen Dichromate mit Kaliumchromat ausfällt. Bei der Fraktionirung der käuflichen Yttria verfuhren die Verf. wie folgt: 40 g Oxyd wurden mit ca 90 g Chromsäureanhydrid verrieben und in 1000 ccm Wasser eingetragen, wobei unter heftiger Reaktion Lösung zum Dichromat erfolgte. In diese Flüssigkeit, welche in

---

[1]) Ber. Deutsch. Chem. Ges. **1900**, 42—49. — Chem. Centralblatt **1900**, Bd. I, 397.

einer grossen Retorte mit schräg aufwärts gerichtetem Hals bis nahe zum Sieden erhitzt war, wurde ein kräftiger Dampfstrom eingeleitet und 10%ige Kaliumchromatlösung aus einer kalibrirten Flasche sehr langsam eingetropft.

250 ccm Chromatlösung, innerhalb zwei Stunden zugegeben, fällten dunkelbraune Chromate, aus welchen nur 1,1 g, weit dunkler, als das Ausgangsmaterial gefärbter Oxyde erhalten wurden, Diese Fraktion I enthielt viel Erbinerde (ca 25%); auch das Didymspektrum war wesentlich verstärkt.

Fraktion IIa, wie die erste gewonnen, bestand aus 34 g hellgelber Nädelchen; die intensiv rosa gefärbten Oxalate hinterliessen 13,6 g Oxyd mit etwa 20% Erbin.

Nachdem die Flüssigkeit auf 1 l eingedampft war, wurde Fraktion IIb entnommen; es fielen 19,5 g eines Chromatgemenges aus, welches sich aus gelben Nädelchen (wie IIa), orangerothen, dicken, flächenreichen, stark doppelbrechenden Prismen und glasglänzenden, oliven Krusten zusammensetzte; letztere bildeten die Hauptmenge und bestanden aus scheinbar regulären Oktaedern mit schwacher Doppelbrechung. Die Oxyde, etwa 58% der Chromate unterschieden sich in Farbe und Erbingehalt kaum von denen aus IIa, doch war das Didymspektrum schwächer.

Fraktion III, mit 300 ccm 5%iger Kaliumchromatlösung gewonnen, stellte ein Gemenge (17,6 g) der gelben Nädelchen und orangefarbenen Prismen dar; Erbingehalt etwa 10%; Didymlinien kaum noch sichtbar.

Fraktion IV (14,85 g) enthält nur wenig Erbin und Gadolinium (?) und schon etwas Yttria, deren Chromat in den Fraktionen V und VI fast rein ausgeschieden wurde. Die restirende, durch Kaliumchromat nicht mehr fällbare Flüssigkeit gab mit Natronlauge einen schleimigen Niederschlag, welcher Magnesia, Kalk, Kieselsäure und Spuren von Yttria enthielt.

Die aus V und VI gewonnene Yttria war so rein, dass sie zu Molekulargewichtsbestimmungen verwendet werden durfte. Hierzu wurde der stark geglühte Oxyd zunächst in Salpetersäure gelöst und mit Oxalsäure gefällt; nach viermaliger Wiederholung dieses Vorganges wurde die salpetersaure Lösung mit Schwefelsäure eingedampft und das Sulfat schliesslich durch 15—20 stündiges Glühen im heftigsten Gebläsefeuer in das Oxyd umgewandelt. Es fanden sich für Yttrium die Werthe 90,12 und 88,97; letzterer, welcher mit dem besten Materiale erhalten wurde, stimmt mit dem von Cleve[1]) ermittelten — 89,02 — fast genau überein. Die Verf. weisen darauf hin, dass in der leicht ausführbaren pyknometrischen Bestimmung der Dichte ein ganz vorzügliches Mittel gegeben ist, um den Fortgang einer Fraktionirung zu verfolgen, bezw. um Aufschluss über die Natur einer zu untersuchenden Erde zu gewinnen. Die Dichte der Yttria beträgt etwa 5, die des Erbins etwa 8,8 und die des Ytterbins etwa 9,2. Bei der obigen Fraktionirung, bei welcher das Ausgangsmaterial die Dichte 5,62 hatte, sank die Dichte der einzelnen Fällungen von 6,06 auf 4,83. Die Erden mit grossem Atomgewicht wurden also zuerst ausgeschieden. Die neue Trennungsmethode, welche in der Yttriagruppe so ausserordentlich schnell zum Ziele führt, wurde mit Erfolg auf die Ceritgruppe übertragen. Es wird bisher nur mitgetheilt, dass es auf diesem Wege leicht gelingt, das Samarium aus dem Monazit abzuscheiden.

Trennung der Yttererden von den Ceritoxyden durch Kaliumsulfat oder Natriumsulfat, wobei die Alkalidoppelsulfate der Yttererden in Lösung bleiben.

Trennung der Yttererden von Aluminiumoxyden, Eisenoxyd, Zirkonerde durch Oxalsäure, wodurch die Yttererden gefällt werden.

2. Die Ceritoxyde.

Trennung des Cers nach **Wyrouboff und Verneuil** (quantitative Abscheidung).

Die concentrirte Lösung der Nitrate wird durch Ammoniak und Wasserstoffsuperoxyd gefällt, verdampft und geglüht, bis sich Ammoniumnitrat verflüchtigt. Hierauf löst man in Salpetersäure, verdampft zu Syrupdicke, löst in Wasser, lässt kochen, fügt 1 ccm einer 5%igen Ammoniumsulfatlösung hinzu und filtrirt sogleich den Niederschlag. Dieser wird ausgewaschen und calcinirt; er enthält 90% des gesammten, im angewandten Material enthaltenen Cers in vollkommen reinem Zustande.

Das Filtrat versetzt man in der Wärme mit 0,05 g Ammoniumpersulfat und 1 ccm 50%iger essigsaurer Natronlösung und kocht solange bis die Flüssigkeit klar ist, filtrirt, wäscht aus und calcinirt. Man erhält so den Rest des Cers[2]).

---

1) Compt. rend. **95**, 1225.

2) Chem. Ztg. **1899**. 469. — Acad. des sciences 29. V. 1899.

Trennung des Cers von den Alkalien durch Ammoniak: Cer fällt aus; muss mehrere Male gefällt werden, da der Niederschlag Alkalien und basische Salze enthält.

Trennung des Cers von den Erden (Zirkonerde, Thonerde, Beryllerde, Eisenoxyd etc.) durch Fällung der neutralen Chloride mittels Oxalsäure im Ueberschuss: Cer fällt aus.

Trennung des Cers von Lanthan und Didym.

1. Methode von Popp[1]). Man neutralisirt die Lösung der drei Basen annähernd, falls sie sauer ist, ohne dass eine bleibende Fällung eintritt und setzt genug essigsaures Natron zu und einen Ueberschuss von Natriumhypochlorit und kocht einige Zeit: Cer fällt aus als Cerdioxydhydrat.

2. Methode von St. Claire Deville[2]). Man fällt die Basen mit Kalilauge, vertheilt den ausgewaschenen Niederschlag in verdünnter Kalilauge und leitet Chlor ein: Lanthanoxyd und Didymoxyd lösen sich, Cerdioxyd bleibt zurück.

3. Methode Robinson. Man verdampft die Lösung der Nitrate zur Trockne und erhitzt den Rückstand, bis die braune Masse hellgelb geworden ist. Behandelt man dieselbe nach dem Erkalten mit kochender, verdünnter Salpetersäure, so lösen sich Lanthanoxyd und Didymoxyd, während Cer fast vollständig als basisches Nitrat zurückbleibt.

4. Methode von Gibbs[3]). Man löst die Oxyde in starker Salpetersäure, kocht mit Bleisuperoxyd, verdampft die orangegelbe Lösung zur Trockne und erhitzt den Rückstand bis zum Entweichen eines Theils der Säure, behandelt dann mit Wasser, welches mit Salpetersäure angesäuert ist und trennt das ungelöst bleibende basische Cerdioxydnitrat von der alles Lanthan und Didym enthaltenden Lösung. — Bei dieser Methode ist zu beachten, dass bei weiterer Behandlung in jedem Falle das Blei durch Schwefelwasserstoff zu entfernen ist.

5. Methode von Pattinson und Clark[4]). Man erhitzt die chromsauren Salze auf 110° C. und zieht mit heissem Wasser die unzersetzt gebliebenen Verbindungen des Lanthanoxyds und Didymoxyds aus; das Cer bleibt unlöslich als Cerdioxyd zurück.

---

1) Ann. Chem. Pharm. **131**, 360.
2) Compt. rend. **59**, 272.
3) Zeitschr. f. anal. Chem. **3**, 396.
4) Chem. News. **16**, 359.

Aus der nach der einen oder nach der andern Methode das Lanthan und Didym enthaltenden Lösung fällt man, eventuell nach Abscheidung des Bleis, die Basen mit oxalsaurem Ammoniak, führt die Oxalate durch Glühen in die Oxyde über und behandelt diese mit schwacher Salpetersäure. War die frühere Cerabscheidung nicht vollständig, so bleibt jetzt noch der Rest als Dioxyd zurück.

Die Lösung verdampft man in einer Schale mit flachem Boden zur Trockne und erhitzt auf 400—500^0 C. Die Salze schmelzen; Untersalpetersäure entweicht; man behandelt nun mit heissem Wasser, welches das Lanthannitrat löst, graues basisches Didymnitrat zurücklassend. Durch häufiges Wiederholen der Operation des Abdampfens etc. gelingt es, beide Basen befriedigend zu trennen (Damour und St. Claire Deville). Mosander empfiehlt, die Sulfate von Didym und Lanthan herzustellen, Wasser mit dem trocknen Salzgemenge bei 5^0 bis 6^0 C. zu sättigen und dann die Lösung auf 30^0 C. zu erwärmen, wobei sich das Lanthansulfat grösstentheils abscheidet, während das Didymsulfat grösstentheils in Lösung bleibt.

6. Methode von Winkler[1]). Man löst das Gemenge von Ceroxyd, Lanthanoxyd und Didymoxyd, wie man es durch Glühen der Oxalate erhalten hat, in heisser Salzsäure, verdampft fast zur Trockne, nimmt mit kaltem Wasser auf, fügt eine genügende Menge auf nassem Wege bereiteten Quecksilberoxyds zu und lässt unter unausgesetztem Umrühren eine schwache Lösung von Kaliumpermanganat zutröpfeln, so lange als dessen Farbe noch verschwindet. Sobald sich der hellbraune Niederschlag rein abgesetzt hat, giesst man die überstehende, von einem geringen Ueberschuss des Fällungsmittels schwach roth gefärbte Flüssigkeit durch ein Filter ab und wäscht den Rückstand durch Dekantation aus. Derselbe enthält neben überschüssigem Quecksilberoxyd, Mangansuperoxyd, Cersesquioxyd und Didymhyperoxyd (?), während alles Lanthan und Spuren von Didym in der Lösung geblieben sind.

Um aus dem Niederschlag Cer und Didym abzuscheiden, entfernt man zunächst das Quecksilber durch Glühen, löst in warmer Schwefelsäure, dampft die Schwefelsäure ab, löst die Sulfate in möglichst wenig kaltem Wasser, fällt durch Einlegen von Kaliumsulfat: Ceroxydkalisulfat samt der entsprechenden Didymverbindung, wäscht, um das Mangansulfat zu entfernen, mit einer gesättigten Lösung von Kaliumsulfat aus, löst in Wasser, fügt oxal-

1) Zeitschr. f. anal. Chem. **4**, 417.

saures Ammoniak zu und gewinnt durch Glühen der ausgewaschenen und getrockneten Oxalate: Cer- und Didymoxyd. — Aus der das Lanthan enthaltenden Flüssigkeit fällt man zunächst das Quecksilber durch Schwefelwasserstoff, schlägt aus dem Filtrat das Lanthanoxyd durch Oxalsäure nieder und gewinnt durch Glühen des ausgewaschenen Oxalats das Lanthanoxyd.

Der Verfasser schliesst aus dem Umstande, dass dasselbe beinahe ganz weisse Salze gab, deren Lösungen auch bei starker Concentration vor dem Spektroskop nur die Linien Di_a und Di_b zeigten, unter Berücksichtigung der Empfindlichkeit der Gladstone'schen Reaktion, dass dem Lanthanoxyd nur sehr geringe Mengen von Didymoxyd beigemengt seien. Auf der andern Seite führt er als Beweis, dass mit Cer und Didymoxyd kein Lanthan gefällt werde, an, dass das aus dem Rückstande dargestellte Didymsulfat, mit überschüssiger Säure versetzt, und bei gelinder Wärme verdunstet, nur die bekannten grossen rothen Krystalle ohne eine Spur von violblauen Nadeln lieferte, sowie dass der geglühte Niederschlag des Cer- und Didymoxyds bei Behandlung mit höchst verdünnter Salpetersäure (1 Salpetersäure: 100 Wasser) an diese eine Basis abtrat, welche, in Sulfat verwandelt, und wie angegeben behandelt, ebenfalls nur grosse rothe Krystalle ohne die für das Lanthan charakteristischen Nadeln gab. Wesentliche Bedingung des Gelingens der Trennung ist die Gegenwart einer hinlänglichen Menge Cer. Aus einer cerfreien Didym- und Lanthanchloridlösung fällt bei Quecksilberzusatz Kaliumpermanganat nur einen geringen Antheil des vorhandenen Didyms. Im übrigen ist es nöthig, in salzsaurer Lösung zu arbeiten.

7. Methode von Zschiesche[1]). Aufs feinste geschlemmter Cerit wurde mit concentrirter Schwefelsäure zu einem Brei angerührt, worauf nach einigem Stehen eine heftige Einwirkung unter bedeutender Volumenvermehrung und unter theilweisem Verdampfen der angewandten Säure eintrat, und die vorher braune Masse sich in ein weisses lockeres Pulver verwandelte. Letzteres wurde durch mässiges Erwärmen von der überschüssigen Säure befreit, fein gepulvert und unter fortwährendem Umrühren in kleinen Portionen zu einer grossen Menge Eiswasser gesetzt. Die Sulfate lösen sich alsdann reichlich; setzt man aber eine zu grosse Menge Salz auf einmal hinzu, so erstarrt dasselbe ganz wie Gyps zu einer schwer-

---

1) Zeitschr. f. anal. Chem. 9, 541.

löslichen Masse. Es wird dabei viel Wärme frei. Die so erhaltene gesättigte Lösung wurde, nachdem sie filtrirt war, mit einem anhaltenden Strom von Schwefelwasserstoff behandelt, um die den Cerit begleitenden Metalle: Wismuth, Kupfer etc. abzuscheiden. Nach erfolgter Fällung wurde die filtrirte Lösung im Wasserbade erhitzt, wobei sich die Sulfate so reichlich ausschieden, dass die ganze Masse erstarrte. Die Mutterlauge wurde durch Auswaschen mit kochendem Wasser entfernt und nach vorherigem Ansäuren mit Salzsäure durch Oxalsäure ausgefällt.

Die Sulfate kochte der Verfasser mit ziemlich starker Salpetersäure und Mennige, von welcher letzterer aber nur soviel genommen wurde, dass sämmtliche Schwefelsäure an Bleioxyd gebunden werden konnte. Ein Ueberschuss von Mennige erschwert das Verfahren durch eine zu grosse Menge in Lösung übergehenden Bleinitrats. Schon in der Kälte, weit mehr noch beim Kochen, nimmt die Flüssigkeit eine tief pomeranzenrothe Färbung an, Bleisulfat scheidet sich aus, Ceronitrat nebst den betreffenden Didym- und Lanthan-Salzen, natürlich auch Bleinitrat gehen in Lösung und auch Bleisulfat, welches in der Flüssigkeit nicht unbeträchtlich löslich ist. Nachdem das Kochen einige Zeit lang fortgesetzt worden ist, bringt man die Masse in ein grosses Becherglas, fügt noch verdünnte Schwefelsäure hinzu, giesst die Flüssigkeit von dem Bleisulfat ab, nachdem sich letzteres abgesetzt hat, dampft sie zuerst über freiem Feuer und wenn sie zu stossen beginnt, im Wasserbade zur dicken Syrupkonsistenz ein und giesst den Syrup unter Umrühren in viel Wasser, worin sich der grösste Theil des Cers als basisches Nitrat ausscheidet und nur ein kleiner Theil mit den Nitraten des Didyms und Lanthans in Lösung bleibt.

Letztere Lösung dampfte der Verfasser zur Entfernung der überschüssigen Säure ein, löste in Wasser, fällte mit Oxalsäure und glühte den Niederschlag. Die so erhaltenen cerarmen Oxyde lieferten dann beim Behandeln mit sehr verdünnter Salpetersäure (1 : 100) unter Hinterlassung von Ceroxyd (was aber selbst, wenn die Behandlung mit der Säure anhaltend fortgesetzt wird, nie didymfrei ist) reine Nitrate von Didym und Lanthan, welche zuerst durch Schwefelwasserstoff von Blei befreit und hierauf zur Trennung der beiden Metalle durch partielle Fällung mit Oxalsäure benutzt werden. Der Verfasser versetzte die Lösung zuerst so lange mit Oxalsäure, bis die über dem Niederschlag stehende Flüssigkeit keine Didymlinien mehr im Spektroskop zeigte. Das Filtrat gab dann aufs neue mit Oxalsäure versetzt noch einen Niederschlag, welcher nach dem Glühen eine wesentlich hellere Farbe als der zuerst entstandene besass und nach dem Auflösen in Salpetersäure, da die Lösung concentrirter war als die frühere, wiederum Didymstreifen zeigte. Es ward die Fällung mit Oxalsäure wieder vorgenommen und die angegebene Operation so lange wiederholt, bis endlich nach Verbrauch einer grossen Menge Oxalsäure ein oxalsaures Lanthanoxyd erhalten wurde, welches beim Glühen ein fast weisses (lachsfarbenes) selbst in concentrirten Lösungen nicht eine Spur mehr von Gladstone'schen Linien zeigendes Oxyd lieferte. Da das oxalsaure Lanthanoxyd in Salpetersäure leichter löslich ist, als das oxalsaure Didymoxyd, so geschah die Trennung in ziemlich scharf salpetersaurer Lösung.

8. Methode von G. Bricout[1]). Behufs Trennung des Cers von Lanthan und Didym liess Verfasser durch eine schwach saure Lösung, die durch Lösen des Cerokarbonats in Chromsäure erhalten wurde, einen Strom von 2,5—3 Volt gehen, wobei am positiven Pol eine Elektrode von grosser Oberfläche benutzt wurde. Nach Schluss des Stromes setzte sich augenblicklich auf derselben ein krystallinischer Niederschlag von der Zusammensetzung: CeO_2, $2\,CrO_3$, $2\,H_2O$ ab, der in Wasser vollständig unlöslich ist, von demselben aber namentlich in der Siedehitze vollständig zersetzt wird, so dass zuletzt nur Cerihydrat übrig bleibt. Lanthan und Didym geben unter diesen Umständen am positiven Pol keinen Niederschlag, so dass man auf diese Weise Cer von denselben trennen kann.

Trennung des Lanthans von Didym. Je vollständiger das Cer entfernt ist, um so besser gelingt die Isolirung der Lanthan- und Didymverbindungen.

Methode von Holzmannn und von Bunsen[2]). Dieselbe beruht darauf, dass man durch Kochen mit Magnesitpulver sämmtliches Cer aus der Lösung entfernen kann.

Im übrigen sei bezüglich der Trennung von Lanthan und Didym auf die in Theil III (Reindarstellung der seltenen Erden) ausführlich beschriebene Methode von Dambour und Deville hingewiesen, ebenso auf die an gleicher Stelle beschriebenen Methode von Frerich.

---

1) Compt. rend. **118**, 145—146. Nach Chem. Centralblatt **1894**, 1.
2) J. pr. Chem. **75**, 345 und Pogg. Ann. **155**, 377.

Trennung des Cers vom Thor.

1. Methode von Fresenius und Hintz[1]).

a) Es wurde eine Lösung von Thornitrat, welche 13,89 g Thorerde und keine nachweisbaren Mengen Ceroxyd enthielt, mit 9,291 g Ceroxyd in Form von Ceroammoniumnitrat versetzt, entsprechend dem Verhältniss 96,42 g Thorerde zu 2,02 g Ceroxyd.

Die Lösung wurde auf 4 Liter verdünnt, mit Natriumthiosulfat versetzt und zum Kochen erhitzt. Der entstandene Niederschlag wurde abfiltrirt und vollständig ausgewaschen. Das Filtrat wurde mit Ammoniak gefällt, der Niederschlag abfiltrirt, vollständig ausgewaschen, die Salzsäure gelöst und die Lösung verdampft. Der Rückstand wurde mit Wasser und einigen Tropfen Salzsäure aufgenommen und die Lösung wiederum mit Thiosulfat zum Kochen erhitzt. Der entstandene geringe Niederschlag wurde abfiltrirt und vollständig ausgewaschen. Das erhaltene Filtrat wurde mit Ammoniak gefällt. Der Niederschlag wurde abfiltrirt, ausgewaschen, in Salzsäure gelöst und die Lösung nochmals mit Thiosulfat gefällt. Das Filtrat wurde mit Ammoniak versetzt, der entstandene Niederschlag abfiltrirt, ausgewaschen und in Salpetersäure gelöst. Die Lösung wurde zur Trockne verdampft, der Rückstand mit Wasser aufgenommen und in der Wärme mit Oxalsäure gefällt. Der Niederschlag wurde abfiltrirt, ausgewaschen, geglüht und gewogen. Es ergaben sich 0,30149 g Cerdioxyd. Aus dem gewogenen Cerdioxyd konnten noch 0,0021 g Thorerde abgeschieden werden; dasselbe entsprach nun 0,2852 g Ceroxyd gegenüber dem ursprünglich zugefügten 0,2910 g Ceroxyd.

b) Eine Lösung von Thornitrat, welche 13,884 g Thorerde und keine nachweisbare Menge Ceroxyd enthielt, wurde mit 0,0533 g Ceroxyd in Form von Ceroammoniumnitrat versetzt, entsprechend den Verhältniss 98,91 g Thorerde zu 0,38 g Ceroxyd.

Die Lösung wurde auf ca. 4 Liter verdünnt, mit Thiosulfat versetzt und zum Kochen erhitzt. Der entstandene Niederschlag wurde abfiltrirt und vollständig ausgewaschen. Das Filtrat wurde mit Ammoniak gefällt; der Niederschlag wurde abfiltrirt, vollständig ausgewaschen, in Salzsäure gelöst und die Lösung verdampft. Der Rückstand wurde mit Wasser und einigen Tropfen Salzsäure aufgenommen und die Lösung wiederum mit Thiosulfat zum Kochen erhitzt. Der entstandene geringe Niederschlag wurde abfiltrirt und

---

[1]) Zeitschr. f. anal. Chem. **35**, 543.

vollständig ausgewaschen. Das erhaltene Filtrat wurde mit Ammoniak gefällt. Der Niederschlag wurde abfiltrirt, ausgewaschen, in Salzsäure gelöst und die Lösung nochmals mit Thiosulfat gefällt. Das Filtrat wurde mit Ammoniak versetzt, der entstandene Niederschlag abfiltrirt, ausgewaschen und in Salpetersäure gelöst.

Die Lösung wurde zur Trockne verdampft; der Rückstand mit Wasser aufgenommen und in der Wärme mit Oxalsäure gefällt; der Niederschlag wurde abfiltrirt, ausgewaschen, geglüht und gewogen. Es ergaben sich 0,0556 g Cerdioxyd. Aus dem gewogenen Ceroxyd konnten noch 0,0016 g Thoroxyd abgeschieden werden, so dass sich 0,0540 g reines Cerdioxyd ergaben. Dieselben entsprachen 0,0515 g Ceroxyd gegenüber den ursprünglich zugeführten 0,0533 g Ceroxyd.

2. Methode von Lecoq de Boisbaudran[1]). Man kocht die fast neutrale Lösung der beiden Oxyde in einigen Tropfen Salzsäure zuerst mit Kupfer, wodurch Cerdioxydsalze in Cersesquioxydsalze reducirt werden und dann mit Kupferoxydul, wodurch alle Thorerde gefällt wird.

3. Eine Trennungsmethode sei hier noch erwähnt, die auf der Flüchtigkeit des Chlorthoriums beruht: Man leitet über das glühende Gemenge der Metalloxyde mit Kohle: Chlor. Es verflüchtigt sich Chlorthorium.

4. Methode von L. M. Dennis und Kortright[2]). Trennung des Thoriums von den anderen seltenen Erden mittels Kaliumtrinitrid.

Die stickstoffwasserstoffsaure Kali-Lösung wird durch Neutralisiren einer verdünnten Lösung Stickstoffwasserstoffsäure (HN_3) mit verdünnter Kalihydratlösung und Zusatz von Stickstoffwasserstoffsäure bis zur deutlich sauren Reaktion bereitet. Verwendet wurde eine 0,32%ige Kaliumtrinitridlösung zu den folgenden Versuchen:

Fügt man zur neutralen Thoriumchloridlösung obige Lösung von stickstoffwasserstoffsaurem Kali, so entsteht zunächst kein Niederschlag, wohl aber sofort beim Erhitzen. Ein eine Minute langes Sieden bewirkt die quantitative Abscheidung des dem Aluminiumhydroxyd sehr ähnlichen Niederschlags von Thorerdehydrat.

Wenn alles Thor als Thorhydroxyd gefällt worden war, so musste alle in Form von Kaliumtrinitrid angewandte Stickstoff-

1) Compt. rend. **99**, 525.

2) Journ. Americ. Chem. Soc. **18**, 947—952, Aug. 1896. Nach Chem. Centralblatt **1897**, I. 128 und Zeitschr. anorg. Chem. **6**, 35—39.

wasserstoffsäure wiedergefunden werden können, was sich thatsächlich durch Destillation im Luftstrom, Auffangen des Ammoniaks in Silbernitratlösung und Ueberführen des Silbertrinitrids in Chlorsilber fast quantitativ erreichen lässt.

Die Reaktion von stickstoffwasserstoffsaurem Kali auf Thorium-Nitrat entspricht somit der Gleichung:

$$Th(NO_3)_4 + 4\,KN_3 + H_2O = Th(OH)_4 + 4\,KNO_3 + 4\,HN_3.$$

Nach Oswald ist Stickstoffwasserstoffsäure eine nur wenig stärkere Säure als Essigsäure und vorliegende Gleichung erinnert an das Verhalten von Ferriacetatlösung in der Hitze, wo dieselbe in Essigsäure und Eisenoxydhydrat zersetzt wird.

Nach obigem Verfahren lässt sich Thor nicht nur quantitativ von Lanthan, sondern auch von anderen seltenen Elementen des Monazitsandes, wie Cer und Didym scharf trennen. Stickstoffwasserstoffsaures Kali lässt sich hiernach vortheilhaft sowohl zum Nachweis wie auch zur Bestimmung des Thoriums neben anderen seltenen Erden verwenden und zwar mittels einer einzigen, einfachen Operation. Der mit Kaliumtrinitrid erhaltene Niederschlag besitzt nicht die explosiven Eigenschaften der von Curtius entdeckten Salze dieser Säure.

Trennung des Thoriums von Zirkon.

Methode von M. Marc Delafontaine[1]).

Die gepulverte Mischung (Erz oder Oxyde) wird im Platintiegel mit der doppelten Menge Fluorwasserstoff-Fluorkalium geschmolzen; das Zirkon wird als Fluorzirkonkalium von der erstarrten Masse durch siedendes Wasser getrennt, welches einige Tropfen Fluorwasserstoffsäure enthält; die unlöslichen Fluoride werden mit Schwefelsäure zersetzt. Die Sulfate werden in Wasser gelöst, mit Oxalsäure gefällt. Durch Behandlung der Oxalate mit heiss gesättigter Lösung von Ammoniumoxalat wird das Thoroxalat gelöst, während Ceroxalat zurückbleibt. — Zirkon wird aus der Fluorverbindung durch wässrigen Ammoniak gefällt.

Trennung des Thoriums von den Alkalien. Man fällt das Thor als Oxydhydrat mit Ammoniak; jedoch ist die Fällung mehrere Male zu wiederholen, da der Niederschlag Alkalien und basische Salze enthält.

---

1) Chem. News **75**, 230, 14/5, (24/4), Chicago. Nach Chem. Centralblatt **1897**, 2, 71.

Trennung des Thoriums von den alkalischen Erden; entweder durch Ammoniak, wobei das Thoroxydhydrat ausfällt oder mittels Schwefelsäure, wobei Baryt, Strontian und bedingungsweise auch Kalk ausgefällt werden.

Trennung des Thoriums von Aluminium und Zirkon durch Oxalsäure im Ueberschuss: Das Thoroxalat bleibt ungelöst, das Zirkonoxalat löst sich wieder, Aluminiumsalze werden von Oxalsäure nicht gefällt.

Trennung des Thoriums von den Yttererden durch gesättigte Kaliumsulfatlösung: Das Kalisulfatdoppelsalz des Thors ist darin unlöslich.

Trennung des Zirkons von den Alkalien: durch Ammoniak oder Schwefelammonium, wodurch Zirkon als Hydroxyd gefällt wird.

Trennung des Zirkons von den alkalischen Erden durch Ammoniak oder durch Schwefelsäure.

Trennung des Zirkons von Aluminium. Man versetzt die Lösung beider mit Kalilauge im Ueberschuss: Thonerdehydrat löst sich; Zirkonerdehydrat bleibt ungelöst.

Trennung des Zirkons von Eisen siehe die unter: „Reindarstellung der seltenen Erden“ (Theil III) beschriebenen Methoden.

II. Bestimmungsmethoden.

1. Gewichtsanalytische.

Bestimmung der Yttererden. Nach deren Trennung wird in der die reine Erde enthaltenden Lösung mittels Oxalsäure das betreffende Oxalat gefällt, filtrirt, getrocknet, geglüht und als Oxyd gewogen.

Bestimmung von Erbium und Yttrium nach Bahr und Bunsen[1]). Die Methode beruht darauf, dass man eine gewogene Menge derselben in die Sulfate überführt, deren Gewicht und das der darin enthaltenen Schwefelsäure bestimmt und den Erdengehalt berechnet.

(Zur Berechnung gehören diese Daten: Gewicht der Summe der Sulfate und Gewicht der darin enthaltenen Schwefelsäure. Die Berechnung geschieht nach der Art der indirekten Bestimmung von Kali und Natron).

---

1) Jahresber. d. Chem. **1866**, 799.

Bestimmung von Cer. Man fällt die Lösung des Sesquioxydes mit Kalilauge, filtrirt, wäscht den Niederschlag aus, trocknet und glüht sehr stark und wägt als Cerdioxyd.

Oder besser: man sättigt die Lösung mit Ammoniak, säuert mit Essigsäure an, fällt mit Oxalsäure, und führt durch starkes Glühen das Oxalat in das Oxyd über, als welches es gewogen wird. Erscheint letzteres infolge eines Gehaltes an Lanthan oder Didym roth, so digerirt man mit gleichen Theilen Schwefelsäure und Wasser, verjagt den grössten Theil der Säure durch Verdampfen, löst das basische Salz nochmals in Schwefelsäure, extrahirt mit Wasser und erhält dann beim Glühen des Rückstandes Cerdioxyd.

Liegen Cerisalze vor, so werden dieselben zuvor durch reducirende Mittel z. B. schweflige Säure in Cerosalze übergeführt oder man fällt aus den Cerisalzlösungen mittels Kalilauge das Cerdioxydhydrat, löst in Salzsäure, fällt mit Ammoniak und Ammoniumoxalat das Ceroxalat und erhält hieraus durch Glühen das Oxyd, welches gewogen wird.

Bestimmung von Lanthan und Didym geschieht analog derjenigen des Cers; beide werden als Oxyde gewogen.

Bestimmung des Didyms nach Bahr und Bunsen[1]). Bahr und Bunsen bestimmten das Didym durch das Spektroskop mittels Vergleichung mit Didymlösungen von bekanntem Gehalt.

Nach Bunsen[2]) lassen sich auch Lanthan und Didym derartig bestimmen, dass man das Gewicht der reinen Oxyde und das Gewicht der reinen Sulfate feststellt. (Das Cer wird volumetrisch bestimmt; das Ceroxyd von der Summe der Oxyde abgezogen und das Sulfat von der Summe der Sulfate.) Man hat dann die Faktoren zur Berechnung der einzelnen Mengen Lanthan und Didym.

Bestimmung des Thors. Das Thorium wird als Oxyd gewogen. Seine Bestimmung im Thorit, Monazit, Thoriumnitrat und in zerfallenen Glühstrümpfen wird ausführlich weiter unten im Theil V Kapitel III „Beschreibung vollständiger Analysen“ erörtert werden.

2. Volumetrische Methoden.

Bestimmung von Cer bei Gegenwart von Thor, Lanthan und Didym. Eine bequeme, rasch ausführbare Bestimmung be-

1) Jahresber. d. Chem. **1866**, 789.

2) Ann. Chem. Pharm. **137**, 29.

schreibt G. v. Knorre[1]). Die Methode beruht darauf, dass die gelb bis orangegefärbten Ceriverbindungen bei Gegenwart freier Säure durch Wasserstoffsuperoxyd glatt zu farblosen Ceroverbindungen reducirt werden gemäss der Gleichung:

$$2\ Ce(SO_4)_2 + H_2O_2 = Ce_2(SO_4)_3 + H_2SO_4 + O_2 \text{ oder:}$$
$$2\ Ce(NO_3)_4 + H_2O_2 = Ce_2(NO_3)_6 + 2\ HNO_3 + O_2.$$

Die vollendete Reduktion der Cerdioxydlösungen lässt sich leicht durch den Eintritt vollkommener Entfärbung erkennen.

Zur Ausführung des Verfahrens versetzt man dementsprechend die angesäuerte Cerdioxydlösung in der Kälte (Zimmertemperatur) mit einer überschüssigen, gemessenen Menge von Wasserstoffsuperoxydlösung von bekanntem Gehalt und titrirt nach vollständiger Entfärbung den Ueberschuss von Wasserstoffsuperoxyd mit Kaliumpermanganat zurück. — Entspricht das zugesetzte Volumen der Wasserstoffsuperoxydlösung: a ccm und der Ueberschuss von Wasserstoffsuperoxyd b ccm Kaliumpermanganat, so ergiebt sich aus der Differenz a—b die Menge von Cer, welche in der Lösung in Form von Ceroxyd vorhanden war. Ist der Titer der Kaliumpermanganatlösung in bezug auf Eisen ermittelt, so lässt sich die dem Eisentiter äquivalente Menge Cer bezw. von Ceroxyd auf Grund folgender Ueberlegung berechnen: Da 2 Moleküle Kaliumpermanganat 10 Atome Eisen (beziehungsweise 10 Moleküle Ferrosalz) oxydiren und 5 Moleküle Wasserstoffsuperoxyd zersetzen, ferner 1 Molekül Wasserstoffsuperoxyd 2 Moleküle Ceroxyd reducirt, so ergiebt sich, dass 1 Atom Eisen 1 Atom Cer bez. 1 Molekül Ceroxyd entspricht; 56 Theile Eisen sind demnach 140 Theilen Cer bez. 172 Theilen Ceroxyd äquivalent. — Entspricht 1 ccm Kaliumpermanganatlösung c mg Eisen, so zeigt 1 ccm Maassflüssigkeit $c \cdot \frac{140}{56}$ mg Cer, bez. $c \cdot \frac{172}{56}$ mg Ceroxyd und $c \cdot \frac{164}{56}$ mg Cersesquioxyd an. Die Menge des in der titrirten Lösung vorhandenen Ceroxyds (in mg) ergiebt sich daher aus dem Produkt $(a - b)\, c \cdot \frac{172}{56}$. — Da dieselbe Menge von Kaliumpermanganatlösung, welche 1 mg Eisen anzeigt, 3,07143 mg Ceroxyd entspricht, so ist es behufs Erzielung möglichster Genauigkeit zweckmässig, keine zu concentrirte Kaliumpermanganatlösung zu verwenden (nicht mehr als ca. 2 g Kaliumpermanganat pro Liter) und ferner mit Büretten zu arbeiten,

1) Zeitschr. f. angew. Chem. **1897**, 685.

die noch bequem das Ablesen von 0,05 ccm gestatten. Die Endreaktion lässt sich gut erkennen. Die in einer angesäuerten Cerosalzlösung durch einen Tropfen Kaliumpermanganatlösung erzeugte schwache Rothfärbung bleibt ca. 1/2 Minute deutlich sichtbar bestehen.

Bei einer frisch hergestellten Ceriammoniumnitratlösung erfolgt die Entfärbung auf Zusatz von Wasserstoffsuperoxyd fast momentan; hat dagegen die Lösung längere Zeit gestanden, so tritt die Reduktion nicht mehr sofort ein, sondern erfordert einen Zeitraum von einigen Minuten bis ca. zu 1/4 Stunde. Die bei der Titration erhaltenen Zahlen stimmen indessen mit den bei der frischen Lösung erhaltenen vollkommen überein. —

Die sofortige Reducirbarkeit einer älteren Cerilösung lässt sich übrigens auch dadurch wieder erreichen, dass man die mit verdünnter Schwefelsäure angesäuerte Lösung einige Minuten zum Sieden erhitzt; nach dem Erkalten erfolgt dann die Reduktion durch Wasserstoffsuperoxyd wiederum fast momentan, ebenso wie bei einer frischen Lösung. (Durch das Kochen mit verdünnter Schwefelsäure findet eine Zersetzung der Ceriverbindungen nicht statt, vielmehr erhält man bei der Titration genau dieselben Werthe wie bei der nicht zum Sieden erhitzten Flüssigkeit.) Erhitzt man dagegen eine ältere Ceriammoniumnitratlösung zum Sieden, ohne vor dem Erhitzen Säure zuzugeben, sondern säuert erst nach dem Erkalten an, so lässt sich nun eine Beschleunigung der reducirenden Wirkung des Wasserstoffsuperoxyds nicht beobachten. Bei der Ausführung des Verfahrens kann man zum Ansäuern an stelle von Schwefelsäure mit demselben Erfolge auch Salpetersäure verwenden; sind ferner in der Flüssigkeit Papierfasern vertheilt, so werden die Ergebnisse der Titration dadurch nicht beeinflusst. Von sehr wesentlicher Bedeutung ist es, dass das Ansäuern der Cerilösung vor dem Zusatz von Wasserstoffsuperoxyd erfolgt; versetzt man eine neutrale Cerilösung mit Wasserstoffsuperoxyd und fügt dann erst Säure hinzu, so werden infolge der Nebenreaktionen falsche und zwar zu hohe Resultate erhalten. (25 ccm einer neutralen Ceriammoniumnitratlösung enthaltend 0,2666 g CeO_2 wurden mit 100 ccm Wasserstoffsuperoxydlösung enthaltend 0,2153 g H_2O_2 versetzt; die Flüssigkeit färbte sich zunächst tief orange; nach einiger Zeit setzte sich ein braunrother Niederschlag ab (Cersuperoxyd?), während die überstehende Flüssigkeit farblos erschien; der nach zweitägigem Stehen abfiltrirte und sorgfältig ausgewaschene Niederschlag lieferte geglüht 0,0211 g CeO_2; der Rest des Cers war im farblosen Filtrat in Form von Cerosalz vorhanden, ausserdem enthielt das Filtrat noch reichliche Mengen von Wasserstoffsuperoxyd.) Den Beleg dafür, dass die Reaktion zwischen Ceriverbindungen in angesäuerter Lösung und Wasserstoffsuperoxyd in der That glatt gemäss der oben mitgetheilten Gleichung:

$$2\,Ce(SO_4)_2 + H_2O_2 = Ce_2(SO_4)_3 + H_2SO_4 + O_2$$

verläuft, mögen die folgenden Versuche lehren:

Beleganalysen: 1 ccm der angewandten Kaliumpermanganatlösung entsprach nach mehreren übereinstimmenden Titerstellungen mit Ferroammoniumsulfat 0,00365 g Fe. Daraus berechnet sich, bei Annahme des Atomgewichts 140 für Cer, dass 1 ccm 0,009127 g Cer anzeigt. —

Zur Herstellung der Cerilösungen diente ein lanthan- und didymfreies, noch etwas feuchtes Ceriammoniumnitrat, welches als Glührückstand bei zwei Versuchen 28,96 bezw. 28,95 % Cerdioxyd ergab. Bei der Cerilösung I wurden 9,7375 g dieses Salzes in Wasser gelöst und die Lösung im Messkolben auf 500 ccm verdünnt; 1 ccm derselben enthielt demnach 0,005638 g Cerdioxyd bezw. 0,0045884 g Cer.

20 ccm der Cerilösung I (enthaltend 0,09177 g Cer) wurden mit verdünnter Schwefelsäure stark angesäuert und mit 25 ccm verdünnter Wasserstoffsuperoxydlösung versetzt; nach eingetretener Entfärbung waren zum Zurücktitriren des überschüssigen Wasserstoffsuperoxyds 9,8 ccm Kaliumpermanganatlösung erforderlich; die 25 ccm Wasserstoffsuperoxyd entsprachen 19,8 ccm Kaliumpermanganat; aus der Differenz 19,8 — 9,8 = 10 ccm Kaliumpermanganat berechnen sich 0,09127 g Cer (statt 0,09177). Vier weitere, in gleicher Weise ausgeführte Versuche ergaben genau dasselbe Resultat. Um zu ermitteln, ob die relativen Mengen der Cer- und der Wasserstoffsuperoxydlösung Einfluss auf den Verlauf der Reaktion haben, wurden folgende Versuche ausgeführt:

25 ccm derselben Cerilösung I (enthaltend 0,1147 g Cer) nach dem Ansäuern mit verdünnter Schwefelsäure mit 25 ccm Wasserstoffsuperoxyd versetzt, erfordern 7,2 ccm Kaliumpermanganat; 19,8 — 7,2 = 12,6 ccm Kaliumpermanganat entsprachen 12,6 . 0,009127 = 0,1150 g Cer.

Ferner erforderten 25 ccm Cerilösung I mit 50 ccm Wasserstoffsuperoxyd versetzt 27 ccm Kaliumpermanganat; 2 . 19,8 — 27 = 12,6 ccm Kaliumpermanganat entsprechen wiederum 0,1150 g Cer. —

20 ccm Cerilösung I mit 10 ccm einer anderen Wasserstoffsuperoxydlösung (entsprechend 15,55 ccm Kaliumpermanganat) versetzt, verbrauchten 5,5 ccm Kaliumpermanganat; 15,55 — 5,5 = 10,05 ccm Kaliumpermanganat entsprachen 10,05 . 0,009127 oder 0,09127 g Cer statt 0,09177 g Cer.

Schliesslich sei noch ein Versuch mit einer anderen Ceriammoniumnitratlösung II erwähnt, welche im Liter 27,388 g des Doppelsalzes (mit 28,95 % Cerdioxyd gelöst) enthielt. 25 ccm der Lösung wurden nach dem Ansäuern mit 20 ccm Wasserstoffsuperoxyd versetzt; zum Zurücktitriren waren 12,2 ccm Kaliumpermanganat erforderlich; die 20 ccm Wasserstoffsuperoxyd entsprachen 29,8 ccm Kaliumpermanganat; aus der Differenz 29,8 — 12,2 = 17,6 berechnen sich 17,6 . 0,009127 = 0,1606 g Cer; dagegen berechnet sich aus der Menge des angewandten Doppelsalzes die in 25 ccm der Lösung enthaltene Cermenge zu 0,1613 g. Die Uebereinstimmung zwischen Versuch und Rechnung ist also auch hier wiederum eine befriedigende.

Ein weiterer Beweis dafür, dass die Reduktion der Ceriverbindungen durch Wasserstoffsuperoxyd in saurer Lösung gemäss der Gleichung:

$$2\,Ce(SO_4)_2 + H_2O_2 = Ce_2(SO_4)_3 + H_2SO_4 + O_2$$

verläuft, ergiebt sich endlich aus dem Umstande, dass beim Versetzen der Cerilösung mit überschüssiger titrirter Ferrosulfatlösung (die Reduktion der Ceriverbindungen durch Ferrosulfat erfolgt gemäss der Reaktionsgleichung:

$$2\,Ce(SO_4)_2 + 2\,FeSO_4 = Ce_2(SO_4)_3 + Fe_2(SO_4)_3)$$

und Rücktitriren des Ueberschusses mit Kaliumpermanganat genau dieselben Zahlen erhalten werden, wie bei der Titration der Cerilösung unter Verwendung von Wasserstoffsuperoxyd.

Zum Beleg dafür, dass zum Ansäuern der Cerilösungen auch Salpetersäure verwandt werden kann, werden folgende Versuche mitgetheilt: 20 ccm einer Cerilösung, mit Schwefelsäure angesäuert, entsprachen 13,55 ccm Kaliumpermanganat; genau dieselbe Zahl wurde auch beim Ansäuern mit Salpetersäure erhalten; ferner entsprachen 25 ccm einer anderen Cerilösung, sowohl bei Zusatz von Schwefelsäure als auch von Salpetersäure 28,8 ccm Kaliumpermanganat. —

Indirekte Bestimmungsmethode von Bunsen[1]): Die

---

1) Ann. Chem. Pharm. **86**, 265. — Liebig Ann. **105**, 49. — Zeitschr. f. anorg. Chem. **22**, 297.

jodometrische Bestimmungsmethode des Cers von Bunsen beruht darauf, dass man rauchende Salzsäure auf Cerdioxyd einwirken lässt. Hierbei entwickelt sich freies Chlor, welches in überschüssige Jodkaliumlösung geleitet, eine entsprechende Menge Jod in Freiheit setzt. Das Jod titrirt man mit Natriumthiosulfatlösung. Die Apparatur und die Berechnung sind die bekannten.

Hat man Cersesquioxydhydrat hergestellt, so wird dieses in Wasser und Kalilauge suspendirt und durch Einleiten von Chlor in die stets alkalisch zu haltende Flüssigkeit in Cerdioxyd übergeführt.

Zwei Moleküle Cerdioxyd machen zwei Atome Chlor frei:

$$2\,CeO_2 + 8\,HCl = Ce_2Cl_6 + 4\,H_2O + 2\,Cl.$$

Zwei Atome Chlor = zwei Atome Jod. Mithin ein Atom Jod = ein Molekül Cerdioxyd.

Das bei dieser Bestimmung zurückbleibende Cersesquichlorid Ce_2Cl_6 wird neutralisirt und mit Ammoniumoxalat gefällt, das Oxalat filtrirt, getrocknet und geglüht und als Cerdioxyd gewogen. — Beide Bestimmungen kontrolliren sich.

Maassanalytische Methode von Stolba[1]): Diese Bestimmung geschieht in der Weise, dass das oxalsaure Salz in verdünnter Schwefelsäure gelöst und mit Kaliumpermanganat titrirt wird bis zur Verwandlung der rothen Farbe in die gelbe des Ceroxyds.

Volumetrische Bestimmung von André Job[2]): Diese Methode beruht darauf, dass Wasserstoffsuperoxyd in eine Cerilösung getröpfelt, dieselbe langsam entfärbt und unter Sauerstoffentbindung in Cerosalz überführt. Verf. hat nun gefunden, dass zwei Moleküle Cerisalz durch ein Molekül Wasserstoffsuperoxyd genau reducirt werden, was der Entwicklung von $^1/_2$ Atom Sauerstoff auf ein Molekül Cerisalz entspricht. Man kann also das in einer Lösung als Cerisalz enthaltene Cer mittels Wasserstoffsuperoxyd bestimmen. — Ferner hat Verf. gefunden, dass Cerosalze mit Bleisuperoxyd in der Kälte und mit Ueberschuss von Salpetersäure oxydirt werden. Zu einem bekannten Volumen der Lösung setzt man einen Ueberschuss von Salpetersäure und Bleisuperoxyd, schüttelt, filtrirt das Cerisalz und titrirt mit verdünntem Wasserstoffsuperoxyd. Man wird also das in den ungereinigten Oxalaten des Monazits enthaltene Cer leicht und schnell titriren können.

---

1) Jahresber. d. Chem. **1882**, 1286.

2) Acad. des sciences 9. I. **1899**. Nach Chem. Ztg. **1899**, 66.

III. Beschreibung vollständiger Analysen.

1. Werthbestimmung des Monazitsandes.

Zur Werthbestimmung des Monazitsands ist von Drossbach[1]) vorgeschlagen worden, den staubfeingepulverten Monazitsand zunächst mit ungefähr dem dreifachen Gewicht Natrium-Kaliumkarbonat im Platintiegel bis zum ruhigen Fluss zu erhitzen und aus der in Wasser gelösten Schmelze in bekannter Weise mittels Salzsäure die Kieselsäure abzuscheiden. Nun erst wird der Rückstand mit concentrirter Schwefelsäure behandelt. Die entstandenen Sulfate werden in Eiswasser gelöst. Es wird besonders betont, dass es nicht vortheilhaft ist, den Monazitsand, ohne zu schmelzen, mit Schwefelsäure zu behandeln, da sich dann die Aufschliessung schwieriger gestaltet. Der hierbei bleibende Rest soll als Chromit (?) in Rechnung gebracht werden. Die Lösung der Sulfate wird sodann mit Oxalsäure gefällt, der Niederschlag ausgewaschen, filtrirt, getrocknet und geglüht. Die im Filtrat befindlichen Oxyde werden mit Ammoniak als fremde Oxyde gefällt und als solche bestimmt. Von den durch Glühen des Oxalsäureniederschlages erhaltenen Oxyden entsprechen 100 Theile = 142 Theile Monazitsand, da ausgesuchte Monazitkrystalle stets 69—70 % Oxyde gaben. Da beim Glühen ein Theil des Cersesquioxyds in Cerdioxyd übergeht, so pflegt die Summe der Bestandtheile meist 103 statt 100 zu ergeben. Es wird noch darauf hingewiesen, dass bei der Oxalsäure-Fällung zwecks Vermeidung eines theilweisen Inlösungbleibens des Didyms die Lösung keine grösseren Mengen Salpetersäure enthalten darf.

Ein anderes Verfahren[2]) den Monazitsand auf seinen Thorgehalt zu prüfen beruht darauf, dass der Sand direkt mit Schwefelsäure aufgeschlossen und nach dem Behandeln mit Schwefelwasserstoff das Kaliumdoppelsalz des Thoriumsulfats erhalten wird. Dieses ist in kalter gesättigter Kaliumsulfatlösung unlöslich; das durch Zersetzen des Doppelsalzes mit Salzsäure und Fällen mit Oxalsäure erhaltene Oxalat ist in kochender Ammoniumoxalatlösung löslich. Auf diese Weise wird das Thorium isolirt, als Oxalat erhalten und durch Glühen ins Oxyd übergeführt, als welches es gewogen wird. Da das Thoroxalat auch ein Zwischenprodukt bei der Verarbeitung

---

[1]) Schill. Journ. f. Gasbel. **1895**, 581.

[2]) Chem. Ztg. **1895**, 19, 2, S. 1468 f.

des Erzes auf Nitrat ist, so wird es meist schon an den Fundstellen des Erzes erzeugt und als solches verschickt.

2. Analyse von Monazitsand und Bestimmung der Thorerde[1]).

Betreffend die Trennung der Ceriterden von der Thorerde kommt der Verf. zu dem Resultat, dass bei Gegenwart von Ceriten und Thorerde allein, durch Fällung der Ceritoxalate in Gegenwart von Ammoniumacetat vermittels Ammoniumoxalat bei Siedehitze eine gute Trennung zu erwarten ist. Es hat sich nämlich dabei herausgestellt, dass es vortheilhaft ist, mit dem Zusatz des Ammoniumacetats zu warten, bis sich die Ceritoxalate gebildet haben, da letztere sonst so fein ausfallen, dass sie trübe durchs Filter gehen. Der genau so angestellte Versuch bestätigt dies: 0,0243 g reine Thorerde und 0,1004 g Ceroxyd ergaben hierbei 0,0935 g Ceroxyd und aus dem Filtrat gewonnene Thorerde 0,0360 g, die indessen noch unrein war. Nach Reinigen durch Schmelzen mit Kaliumsulfat und Fällen als Hydroxyd mit Ammoniak wurden 0,0334 g erhalten, womit also ein durchaus befriedigendes Resultat erreicht war. Der Verf. macht noch darauf aufmerksam, dass beim Fällen des in Ammoniumacetat gelösten Thoroxalats mit Ammoniak als Thorerde sich diese nach Auswaschen, Glühen und Lösen aus neutraler Lösung nicht wieder vollständig durch oxalsaures Ammon fällen lässt, dass auch die Löslichkeit in Flüssigkeiten, die viel Ammoniumsulfat oder Kaliumsulfat enthalten, wesentlich vergrössert ist.

Die Analyse fand in der Weise statt, dass nach dem Aufschliessen des Monazitsandes mit Schwefelsäure oder Kaliumsulfat alles ausser Kieselsäure und Tantalsäure in Eiswasser gelöst wurde. Sollte noch Titansäure oder Thorerde ev. Zirkonerde im Rückstand zu vermuthen sein, so werden dieselben durch Abrauchen der Kieselsäure mit Fluorwasserstoffsäure in Lösung gebracht. (Durch Glühen des abgerauchten Rückstandes erfährt man hierbei als Gewichtsverlust die Menge der Kieselsäure.) Was dabei noch unlöslich in Eiswasser blieb, wurde als Tantalsäure in Rechnung gebracht.

Beim Einleiten von Schwefelwasserstoff in diese Lösung fielen Titansäure und die Metalle der fünften Gruppe aus. Nach Entfernen des Schwefelwasserstoffs im Filtrat und Abstumpfen der Säure wurde siedend heiss mit Ammoniumoxalat gefällt.

---

1) C. Glaser, Chem. Ztg. **1896**, 612 und Zeitschr. f. anal. Chem. **1896**, 213—219.

Gefällt wurden: Die Oxyde der Cergruppe und Thorerde.

In Lösung blieben: Die Oxyde des Eisens, Aluminiums, Mangans, Berylliums, Yttriums, Zirkons, Calciums und Phosphorsäure.

Zur Bestimmung der gelösten Körper wurden die Metalloxyde mittels Ammoniak, als Phosphate gefällt, filtrirt und ausgewaschen. Die Phosphate werden darauf mit Natronkalikarbonat geschmolzen, mit Wasser ausgezogen und diese Lösung mit dem Filtrat vereinigt. In einem aliquoten Theile bestimmt man Phosphorsäure und Thorerde. — Die ungelösten Oxyde ev. Karbonate führt man in Sulfate über, fällt mit Ammoniak und bestimmt im Filtrat den Kalk.

Die unlöslichen Hydroxyde werden in Salzsäure gelöst und mit Ammoniak neutralisirt und in Ammoniumkarbonat mit Schwefelammonium gegossen, wobei die Metalle der vierten Gruppe ausfallen.

Gelöst bleiben: Zirkonerde, Yttererde und Beryllerde. — Die ausfallenden Eisen und Mangan werden auf gewöhnliche Weise bestimmt.

Die in Lösung gebliebenen Erden werden mit Salzsäure in die Chloride übergeführt und dann mit Natronlauge gefällt.

Gefällt werden: Zirkonerde und Yttererde.

Gelöst bleibt: Beryllerde, die nach einstündigem Kochen des Filtrats ausfällt.

Die ausgefallenen: Zirkonerde und Yttererde werden in Salzsäure gelöst und diese Lösung mit gesättigter Kaliumsulfatlösung gefällt.

Gefällt wird: Das Kaliumsulfatdoppelsalz der Zirkonerde.

Gelöst bleibt: Yttererde.

Die Trennung der Oxalate der Cergruppe und des Thoriums geschieht wie folgt:

Durch Glühen derselben erhält man die Oxyde, die mittels Schwefelsäure in die Sulfate übergeführt werden; die Sulfate werden gelöst und zu der siedend heissen Lösung wird eine Lösung von Ammonoxalat gegeben. Sobald die Oxalate grösstentheils gebildet sind, wird, ohne dass Abkühlung eintritt, eine Lösung von Ammoniumacetat dazugegeben. Beim Abkühlen fallen alle Cermetalle als Oxalate aus, während die Thorerde in Lösung bleibt. Nach dem Filtriren wird im Filtrat die Thorerde mit Ammoniak gefällt.

Behufs Trennung der Cermetalle wird in die Flüssigkeit, welche die durch Alkali gefällten, suspendirten Hydroxyde des Cers, Lanthans und Didyms enthält, Chlor eingeleitet und so Cer von Lanthan und Didym getrennt.

Die Trennung des Lanthans vom Didym, auf welche der Verf. nicht näher eingeht, hätte nach einer der beschriebenen Methoden zu geschehen.

Zum Verhalten der Thorerde zu oxalsaurem Ammon und zu Oxalsäure bemerkt der Verf., dass, wenn eine Thorerdelösung vor Zusatz von Oxalsäure erwärmt wird, ein Niederschlag von Thoroxalat und Oxyd entsteht, wenn die Flüssigkeit indessen erst nach dem Zusatz der erforderlichen Oxalsäure erwärmt wird, sich nur Oxalat ausscheidet. Heisse Thorerdelösung wird durch Ammonoxalatlösung überhaupt nicht gefällt, sondern die Fällung tritt erst beim Abkühlen ein. Wird die heisse Thorerdelösung mit einem grossen Ueberschuss von Ammonoxalat versetzt, so tritt auch in der Kälte keine Fällung mehr eine. Die Gegenwart von Ammonacetat vergrössert nur die Löslichkeit; Oxalsäure im Ueberschuss fällt dagegen das Thoroxalat quantitativ aus. Der Zusatz von Ammonacetat bei der Trennung von Ceroxyd ist zu beschränken, da Ceroxyd in diesem Mittel etwas löslich ist.

3. Bestimmung der Thorerde im Thorit von E. Hintz und H. Weber[1]).

1 g Substanz wird mit concentrirter Salzsäure aufgeschlossen und zur Abscheidung der Kieselsäure zur Trockne verdampft. Der Rückstand wird mit 2 ccm concentrirter Salzsäure befeuchtet, mit Wasser verdünnt, die Kieselsäure abfiltrirt und ausgewaschen. Hat eine qualitative Prüfung die Anwesenheit von Blei und Kupfer ergeben, so wird das Filtrat in genügender Verdünnung mit Schwefelwasserstoff gefällt. Im Falle der Schwefelwasserstoffniederschlag nicht klar filtrirt, fügt man einige Tropfen einer Kupferchlorürlösung hinzu, um einen grösseren, klar filtrirenden Niederschlag zu bekommen. Das Filtrat von der Kieselsäure bezw. von dem Schwefelwasserstoffniederschlag wird nach dem Verjagen des Schwefelwasserstoffs auf 200 ccm gebracht und heiss mit Oxalsäurelösung gefällt (1 g Oxalsäure). Nach zweitägigem Stehen wird der Niederschlag abfiltrirt, mit Wasser vollständig ausgewaschen und mit 60 ccm einer kalt gesättigten Lösung von oxalsaurem Ammoniak mehrere Stunden im kochenden Wasserbade digerirt. Man verdünnt alsdann auf 300 ccm, lässt zwei Tage in der Kälte stehen, filtrirt und wäscht mit Wasser aus, dem man, wenn nöthig, eine Spur Ammonoxalat

[1]) Zeitschr. f. anal. Chem. **1897**, 27.

zusetzt. Das Filtrat wird erhitzt und mit 5 ccm concentrirter Salzsäure vom spec. Gew. 1,17 versetzt. Der bei der Behandlung mit Ammonoxalat ungelöst gebliebene Rückstand wird nochmals mit 20 ccm einer kalt gesättigten Lösung von Ammonoxalat längere Zeit erhitzt, die Flüssigkeit alsdann auf 100 ccm verdünnt und weiter wie bei der ersten Behandlung verfahren. Zum Ansäuern des Filtrats verwendet man etwa 1,7 ccm concentrirter Salzsäure. Ergiebt sich hierbei noch eine wägbare Fällung, so ist die Behandlung mit Ammonoxalat ein drittes und unter Umständen ein viertes Mal zu wiederholen. Die durch Fällung mit Salzsäure erhaltenen Niederschläge von Thoroxalat werden nach zweitägigem Stehen auf einem Filter gesammelt und mit Wasser ausgewaschen, welches eine sehr geringe Menge Salzsäure enthält. Der Niederschlag wird geglüht und gewogen.

Die gewogene Thorerde enthält immer noch eine gewisse Menge fremder Erden, dadurch bedingt, dass die Oxalate der Ceritoxyde und Yttererde in Ammonoxalat auch nach dem Verdünnen nicht vollkommen unlöslich sind. Man löst daher den gewogenen Niederschlag in einem Kölbchen durch andauerndes Kochen mit einer grösseren Menge starker Salzsäure. Gelingt es auf diese Weise nicht, die Thorerde vollständig in Lösung zu bringen, so dampft man, da eine Filtration Schwierigkeiten bietet, ohne zu filtriren, in einer Platinschale ein. Man schmilzt dann den Rückstand mit schwefelsaurem Kali, löst die Schmelze in Wasser und Salzsäure, fällt mit Ammoniak, filtrirt den Niederschlag ab, wäscht denselben vollständig aus und löst ihn wieder in Salzsäure.

Der Abdampfrückstand der in der einen oder anderen Weise erhaltenen salzsauren Lösung wird in Wasser und 2—3 Tropfen verdünnter Salzsäure gelöst und die Lösung in einer Verdünung von ca. 300 ccm mit 3—4 g Natriumthiosulfat einige Minuten lang zum Kochen erhitzt. Nach dem Erkalten wird der Niederschlag abfiltrirt und in Salzsäure gelöst. Die Lösung wird zur Trockne verdampft, der Rückstand mit wenig Wasser aufgenommen und die bis zum Sieden erhitzte Lösung mit einer heissen, concentrirten Lösung von oxalsaurem Ammon versetzt. Nach kurzem Erwärmen wird die Lösung verdünnt und längere Zeit in der Kälte stehen gelassen. Der abgeschiedene Niederschlag — Oxalate von Ceritoxyden und von Yttererde — wird hierauf abfiltrirt, ausgewaschen, geglüht und gewogen. Das letztere Gewicht von dem Gewicht der rohen Thorerde in Abzug gebracht, ergiebt die reine Thorerde.

IV. Die Untersuchung von Thornitrat.

Das reine Thornitrat soll krystallisirt farblos, zur Trockne gedampft, weiss sein. Eine schwach gelbliche Färbung desselben oder der Lösung ist unbedenklich, wenn sie minimalen Mengen organischer Substanzen ihre Ursache verdankt; sie weisst jedoch auf ein unbrauchbares Präparat hin, wenn Eisenoxyd, Uranoxyd, Cersesquioxyd u. dgl. die Ursache sind. Das reine Nitrat darf weder mit Schwefelwasserstoff, noch die Lösung in Alkalikarbonaten mit Schwefelammonium eine Verfärbung geben. In Alkalikarbonaten muss es bei gehörigem Ueberschuss vollkommen löslich sein und darf weder von Ammoniak noch durch Verdünnen gefällt werden. (Beim Erwärmen trübt sich die Lösung und scheidet Thoriumhydrat aus, das sich auf Ammoniakzusatz wieder löst.)

Das krystallisirte Nitrat mit 12 Molekülen Wasser giebt beim Glühen 37,95 %, das bei 100° getrocknete Salz mit 4 Molekülen 47,48 % reinweisse Thorerde. Praktisch lassen sich diese Zahlen nicht ganz erreichen. Durch stärkeres Trocknen können noch wasserärmere Salze erhalten werden, doch ist stets Gefahr vorhanden, dass sich schwer lösliche basische Salze bilden. Giebt das Salz mit 4 Molekülen Wasser einen höheren Glührückstand als 47,8 %, so kann auf eine Verunreinigung mit Erden von niedrigerem Molekulargewicht geschlossen werden. Ein Präparat des Handels gab 49,2 % Glührückstand und enthielt 5 % Yttererde und ebensoviel Erbiumsalz, was zu erwarten war, da ein Gemenge gleicher Theile: Yttrium- und Erbium-Nitrat 68 % Glührückstand giebt[1]).

1. Thoriumnitrat-Analyse nach Drossbach.

Die Thoriumnitratlösung wird stark verdünnt und der fraktionirten Fällung mit Ammoniak unterwerfen, so dass nur 80 % der Oxyde gefällt werden. Man lässt den Niederschlag in der Flüssigkeit und filtrirt nach 10 Stunden Stehen bei gewöhnlicher Temperatur unter öfterem Umrühren. Die Yttererden bleiben in der Lösung, wenn nicht mehr als 10 % vorhanden waren. Die Yttererden sind charakterisirt durch die Absorptionsspektra der Erbiumgruppe und durch die Funkenspektra des Yttriums, Ytterbiums, Scandiums und Terbiums.

---

1) Wilh. Gentsch, Glühkörper für Gasglühlicht.

2. Untersuchung von Thornitrat des Handels nach Fresenius und Hintz[1]).

Drei Thornitratproben wurden untersucht. Die Zusammensetzung derselben war folgende:

	I	II	III
	%	%	%
Thorerde	47,26	46,2066	44,9410
Ceroxyd	0,0885	0,0463	0,0910
Neodymoxyd (Lanthanoxyd)	0,0940	0,0521	0,0665
Yttererde	0,1430	0,0373	0,0070
Zirkonerde	—	Spur	—
Kalk	—	0,0110	—
Magnesia	—	0,0013	—
Eisenoxyd	—	0,0123	—
Kieselsäure	—	0,0508	—
Salpetersäure, Wasser und ev. vorhandene nicht bestimmte Säuren	52,4145	53,5823	54,8945
	100	100	100

Setzt man die Summe der feuerbeständigen Stoffe: der Thorerde, des Ceroxyds, des Neodymoxyds, Lanthanoxyds, der Zirkonerde, Kalk, Magnesia, Eisenoxyd und die Kieselsäure, welche in aus den betreffenden Thornitraten hergestellte, gebrauchsfertige Glühkörper übergehen würden, gleich 100, so ergeben sich folgende Procentzahlen.

	I	II	III
	%	%	%
Thorerde	99,317	99,546	99,635
Ceroxyd	0,186	0,100	0,202
Neodymoxyd (Lanthanoxyd)	0,197	0,112	0,147
Yttererde	0,300	0,008	0,016
Zirkonerde	—	Spur	—
Kalk	—	0,024	—
Magnesia	—	0,003	—
Eisenoxyd	—	0,026	—
Kieselsäure	—	0,109	—
	100	100	100

[1]) Zeitschr. f. anal. Chem. **35**, 525—544.

Mit bezug auf die Zusammensetzung der Glühkörper (cf. S. 201) ist ersichtlich, dass die aus dem an Ceroxyd reichsten Thornitrat des Handels erhältlichen Glühkörper noch weit ärmer an Ceroxyd sind, als die an Ceroxyd ärmsten Glühkörper des Handels. Im Mittel ist der Ceroxydgehalt der letzteren 1 % und somit rund fünfmal so gross, wie der Gehalt an Ceroxyd in den unreinsten Thornitraten des Handels.

Der Gang der Analyse von I und II ist nun folgender:

I. 20 g Thornitrat wurden in Wasser gelöst. Die Lösung wurde auf ca 3 l verdünnt, mit unterschwefligsaurem Natron versetzt und zum Kochen erhitzt. Der entstandene Niederschlag wurde abfiltrirt, mit Wasser vollständig ausgewaschen und mit Salzsäure wieder in Lösung gebracht. Nach dem Verbrennen des hierbei ungelöst bleibenden Schwefels und Schmelzen der Asche mit saurem Kaliumsulfat wurde die Schmelze in Wasser mit Salzsäure gelöst und die Lösung mit Ammoniak gefällt. Der entstandene Niederschlag wurde abfiltrirt, ausgewaschen, in Salzsäure gelöst und die erhaltene Lösung mit der Hauptlösung vereinigt. Nach dem Verdampfen der Lösung und Aufnehmen des Rückstandes mit mittels Chlorwasserstoffsäure angesäuertem Wasser, wurde die stark verdünnte Lösung nochmals mit Natriumthiosulfat gefällt. Der erhaltene Niederschlag wurde abfiltrirt und ausgewaschen. — Die bei der ersten und zweiten Fällung mit Thiosulfat erhaltenen Filtrate wurden mit Ammoniak gefällt, die Niederschläge wurden abfiltrirt, vollständig ausgewaschen, in Chlorwasserstoffsäure gelöst und die vereinigten Lösungen verdampft. Nach dem Lösen des Rückstandes mit Wasser und einigen Tropfen Salzsäure wurde wiederum mit Thiosulfat kochend gefällt. Nach dem Abfiltriren des geringen Niederschlages, vollständigem Auswaschen und Lösen in Salzsäure, wurde die Fällung mit Thiosulfat nochmals wiederholt. Die bei den beiden letzten Fällungen entstandenen Filtrate wurden mit Ammoniak gefällt, die Niederschläge abfiltrirt, ausgewaschen, in Salpetersäure gelöst und die vereinigten Lösungen aufs neue mit Thiosulfat gefällt. Das Filtrat wurde mit Ammoniak versetzt, der entstandene Niederschlag abfiltrirt, ausgewaschen und in Salpetersäure gelöst. Nach dem Verdampfen zur Trockne, wurde der Rückstand in Wasser gelöst und in der Wärme mit Oxalsäure gefällt.

Der schwach violette Färbung zeigende Niederschlag wurde abfiltrirt und ausgewaschen. Bei der spektroskopischen Prüfung wurde Neodym erkannt. Nach dem Glühen des Niederschlages betrug sein Gewicht: 0,0660 g. Der gewogene Niederschlag wurde mit saurem Kaliumsulfat geschmolzen, die Schmelze gelöst und mit Ammoniak gefällt, der Niederschlag abfiltrirt, ausgewaschen und in Chlorwasserstoffsäure gelöst. Nach dem Neutralisiren der Lösung mit Natriumkarbonat und Hinzufügen von Natriumacetat und freier Essigsäure, wurde mit Natriumhypochlorit kochend gefällt. Der Niederschlag wurde filtrirt, ausgewaschen und nach dem Lösen in Salzsäure nochmals mit Hypochlorit gefällt. Der erhaltene Niederschlag wurde filtrirt, ausgewaschen und wieder in Salpetersäure gelöst, sodann mit Ammoniak nochmals gefällt, filtrirt, ausgewaschen und schliesslich nach dem Glühen gewogen. Es wurden 0,0186 g Cerdioxyd erhalten.

Zur Identifirirung des Cers wurde das Cerdioxyd mit saurem Kaliumsulfat geschmolzen, wobei eine gelb gefärbte Schmelze erhalten wurde. Nach der Auflösung wurde Ammoniak und Wasserstoffsuperoxyd zugesetzt, wobei ein hellbraunrother Niederschlag entstand; derselbe wurde nach dem Filtriren, Auswaschen, Lösen in Salpetersäure, Verdampfen der Lösung, Lösen des Rückstandes in wenig Wasser, zu folgenden Reaktionen benutzt: Ein Theil der Lösung lieferte beim Kochen mit Salpetersäure und Bleisuperoxyd eine gelbgefärbte Lösung. — Ein anderer Theil der Lösung lieferte bei der Fällung mit Natriumhypochlorit einen hellgelben Niederschlag. — Die gelbgefärbte Lösung von Cerdioxyd wurde durch schweflige Säure und Wasserstoffsuperoxyd entfärbt.

Die bei der Fällung mit Natriumhypochlorit erhaltenen Filtrate wurden nach dem Ansäuern mit Salzsäure kochend mit Ammoniak versetzt. Der sich bildende Niederschlag wurde nach dem Filtriren und Auswaschen in Salzsäure gelöst. Die Lösung wurde nach dem Verdampfen zur Trockne, Lösen des Rückstandes in wenigen Tropfen Wasser mit einer concentrirten Lösung von Kaliumsulfat versetzt. Der hierbei entstehende Niederschlag wurde nach längerem Stehen filtrirt und mit einer concentrirten Lösung von Kaliumsulfat ausgewaschen.

Das Filtrat wurde mit Ammoniak gefällt, der Niederschlag filtrirt und nach Auswaschen in Salpetersäure gelöst; die Lösung mit Ammoniak gefällt. Der nun erhaltene Niederschlag wurde nach dem Filtriren, Auswaschen und Glühen gewogen. Es ergaben sich 0,0286 g. Der Niederschlag konnte nach seinem ganzen Verhalten, wie sich solches aus dem gesammten Gange der Analyse ergab, nur als Yttererde betrachtet werden. Zur Bestätigung dieses wurde die Lösung desselben in Chlorwasserstoffsäure mit Weinsäure und Ammoniak versetzt, wobei nach kurzen Stehen ein Niederschlag entstand. Durch diese Reaktionen (Fällbarkeit der Yttererde durch Ammoniak in Gegenwart von Weinsäure, Löslichkeit des Kaliumsulfat-Doppelsalzes in gesättigter Kaliumsulfatlösung) unterscheidet sich die Yttererde in charakteristischer Weise von den anderen Erden.

Der Niederschlag, der sich bei der Fällung mit Kaliumsulfat gebildet hatte, wurde nach dem Auswaschen in Wasser mit einigen Tropfen Chlorwasserstoffsäure gelöst. Die Lösung wurde mit Ammoniak gefällt, der entstandene Niederschlag nach dem Filtriren und Auswaschen wieder in Salpetersäure gelöst. Nach dem Verdampfen der Lösung zur Trockne wurde der Rückstand in Wasser gelöst und die Lösung mit Oxalsäure gefällt, der Niederschlag wurde nach dem Filtriren, Auswaschen, Trocknen und Glühen gewogen. Das Gewicht betrug 0,0188 g, welche Neodymoxyd und Lanthanoxyd sein konnten, die aber wegen des beobachteten Neodymspektrums als Neodymoxyd betrachtet wurden.

Der Glührückstand des Thorium-Nitrats ergab sich zu 47,59%. Beim Abzug der Summe der bestimmten fremden Erden (Ceroxyd, Neodymoxyd, Lanthanoxyd, Yttererde), von 47,59 (also ohne Berücksichtigung der etwa vorhandenen geringfügigen Verunreinigungen von Kalk, Magnesia etc.) ergiebt sich für Thorerde: 47,26%.

Der Analysengang der Thornitratprobe II, der wegen der Berücksichtigung und Bestimmung von Zirkonerde, Kalk, Magnesia, Eisenoxyd, Kieselsäure noch belehrender ist, als der erste, folge:

II. 100 g Thornitrat wurden in Wasser gelöst und nach dem Verdünnen auf ca. 10 l mit Thiosulfatlösung kochend gefällt. Der Niederschlag wurde nach dem Filtriren und Auswaschen wieder in Salzsäure gelöst. Der hierbei ungelöst bleibende Schwefel wurde verbrannt, die Asche mit saurem Kalisulfat geschmolzen, die Schmelze in Wasser und Chlorwasserstoffsäure gelöst, die Lösung mit Ammoniak gefällt und der Niederschlag nach dem Filtriren und Auswaschen in Salzsäure gelöst. Diese Lösung wurde mit der Hauptlösung vereinigt. Nach dem Verdampfen der Lösung, Lösen des Rückstandes mittels mit Chlorwasserstoffsäure angesäuertem Wasser, Auffüllen auf 10 l wurde abermals mit Thiosulfat kochend gefällt. Der entstandene Niederschlag wurde filtrirt und ausgewaschen. Die Filtrate der beiden Thiosulfatfällungen wurden getrennt mit Ammoniak gefällt und die Niederschläge nach dem Filtriren und Auswaschen in Chlorwasserstoffsäure gelöst, die Lösungen vereinigt und zur Trockne verdampft. Der Rückstand wurde in mit Chlorwasserstoffsäure angesäuertem Wasser gelöst und die Lösung wiederum mit Thiosulfat kochend gefällt. Der entstandene geringe Niederschlag wurde gleichfalls filtrirt und ausgewaschen.

Beide letzten durch Thiosulfatfällung erhaltenen Niederschläge wurden in Chlorwasserstoffsäure gelöst und der hierbei ungelöst bleibende Schwefel in der oben geschilderten Weise behandelt.

Die stark verdünnte Lösung wurde in der Wärme mit Oxalsäure gefällt. Nach zwei Tagen wurde der Niederschlag filtrirt und ausgewaschen.

Das Filtrat der Oxalsäurefällung wurde verdampft, der Rückstand geglüht, nach dem Glühen in Chlorwasserstoffsäure gelöst und die schwach salzsaure Lösung mit Oxalsäure gefällt. Der sich hierbei bildende geringe Niederschlag wurde abfiltrirt und mit der ersten Oxalsäurefällung vereinigt. Das Filtrat hiervon wurde verdampft, der Rest geglüht, dann in Chlorwasserstoffsäure gelöst und die Lösung zur Trockne verdampft. Nach dem Lösen des Rückstandes in Wasser wurde die Lösung mit einigen Tropfen Fluorwasserstoffsäure versetzt.

Hierbei bildete sich kein Niederschlag; deshalb wurde die Lösung nach Zufügen einiger Tropfen Schwefelsäure verdampft, mit Wasser verdünnt und mit Ammoniak versetzt, wobei nur ein geringer zum grössten Theil aus Eisenoxydhydrat bestehender Niederschlag entstand, in welchem auf mikrochemischem Wege Zirkonerde sehr deutlich nachgewiesen werden konnte. Hierbei wurde die Lösung des Niederschlages auf einem Objektträger verdunstet, ein Tropfen Wasser und ein Tropfen einer Lösung von saurem oxalsaurem Kali zugefügt und nach nochmaligem Verdunsten unter dem Mikroskope die für das Zirkonkaliumoxalat charakteristischen Krystallformen beobachtet.

Das Filtrat der letzten (dritten) Thiosulfatfällung (der vereinigten Lösungen) (s. vorige Seite) wurde nun mit Ammoniak gefällt; der Niederschlag nach dem Filtriren und Auswaschen in Salpetersäure gelöst, die Lösung zur Trockne verdampft und der Rückstand in Wasser gelöst. Hierbei blieb Kieselsäure ungelöst; sie wurde filtrirt, ausgewaschen, geglüht und gewogen; ihr Gewicht betrug 0,0428 g. (Zur Identificirung wurde die Kieselsäure mit Natriumkarbonat geschmolzen und aus der Lösung der Schmelze durch Eindampfen mit

Chlorwasserstoffsäure zur Trockne die Kieselsäure nochmals abgeschieden.)

Die kieselsäurefreie Lösung der Nitrate wurde in der Wärme mit Oxalsäure gefällt. Der Niederschlag zeigte eine deutlich violette Färbung; er wurde filtrirt, ausgewaschen und spektralanalytisch untersucht: er erwies sich als neodymoxydhaltig. Nach dem Glühen betrug sein Gewicht 0,1395 g. Dieser geglühte Niederschlag wurde nun mit saurem Kaliumsulfat geschmolzen, die Schmelze gelöst, die Lösung mit Ammoniak gefällt und der Niederschlag nach dem Filtriren und Auswaschen in Chlorwasserstoffsäure gelöst. Nach dem Neutralisiren der Lösung mit Natriumkarbonat, Zufügen von Natriumacetat und freier Essigsäure wurde kochend mit Natriumhypochloridlösung gefällt. Der hierbei entstehende Niederschlag wurde nach dem Filtriren und Auswaschen in Chlorwasserstoffsäure gelöst und die Lösung nochmals ebenso mit Natriumhypochlorit gefällt. Der nun erhaltene Niederschlag wurde nach dem Filtriren und Auswaschen in Salpetersäure gelöst, mit Ammoniak nochmals gefällt und nach dem Filtriren, Auswaschen und Glühen schliesslich gewogen. Das Gewicht betrug 0,0486 g Cerdioxyd. (Das Cerdioxyd wurde mit saurem Kaliumsulfat geschmolzen, wobei eine gelb gefärbte Schmelze erhalten wurde. Die Lösung der Schmelze wurde mit Ammoniak und Wasserstoffsuperoxyd versetzt, wobei ein hellbraunrother Niederschlag entstand.

Mit Natriumhypochlorit entstand ein hellgelber Niederschlag. Dadurch wurde der Cerniederschlag identificirt).

Aus den Filtraten der Hypochloritfällungen wurde die Yttererde bestimmt. Dieselben wurden mit Chlorwasserstoffsäure angesäuert und kochend mit Ammoniak versetzt. Der entstehende Niederschlag wurde nach dem Filtriren und Auswaschen in Chlorwasserstoffsäure gelöst. Die Lösung wurde zur Trockne verdampft, der Rückstand in wenig Wasser gelöst und mit einer concentrirten Kaliumsulfatlösung versetzt. Nach längerem Stehen wurde der sich bildende Niederschlag abfiltrirt und mit einer gesättigten Kaliumsulfatlösung ausgewaschen.

Das Filtrat wurde mit Ammoniak gefällt, der entstehende Niederschlag filtrirt, ausgewaschen, in Salpetersäure gelöst und nochmals mit Ammoniak gefällt. Nach dem Filtriren, Auswaschen und Glühen, wog der Niederschlag: 0,0373 g. Nach seinem chemischen Verhalten war dies Yttererde. Zur Bestätigung wurden folgende Reaktionen angestellt: Der gewogene Niederschlag wurde in Chlorwasserstoffsäure gelöst und die Lösung mit Ammoniak und Weinsäure versetzt; nach kurzem Stehen bildete sich der charakteristische Niederschlag. (Fällbarkeit der Yttererde durch Ammoniak bei Gegenwart von Weinsteinsäure; Löslichkeit des Kaliumsulfatdoppelsalzes in einer concentrirten Lösung von Kaliumsulfat; durch dieses Verhalten unterscheidet sich die Yttererde von den anderen Erden.)

Der in der concentrirten Lösung von Kaliumsulfat unlösliche Niederschlag wurde nach dem Auswaschen in wenig Chlorwasserstoffsäure gelöst. Der durch Zusatz von Ammoniak erhaltene Niederschlag wurde nach dem Filtriren und Auswaschen in Salpetersäure gelöst. Diese Lösung wurde verdampft, der Rückstand in wenig Wasser gelöst und durch Oxalsäurezusatz gefällt. Der nach dem Filtriren, Auswaschen und Glühen gewogene Niederschlag betrug 0,0521 g und bestand im wesentlichen aus Neodymoxyd.

Das Filtrat der Oxalsäurefällung der kieselsäurefreien wässrigen Lösung wurde zur Trockne verdampft. Nach dem Glühen des Rückstandes wurde dasselbe in Chlorwasserstoffsäure gelöst und wieder mit Ammoniak gefällt. Es fiel Eisenoxydhydrat aus. Nach dem Filtriren, Auswaschen, Glühen und Wägen, betrug das Gewicht: 0,0123 g. (Uran war in diesem Niederschlage nicht vorhanden.) Das Filtrat der Ammoniakfällung nach der ersten Thiosulfatfällung diente zur Kieselsäure-, Kalk- und Magnesia-Bestimmung; es wurde mit Chlorwasserstoffsäure angesäuert und eingedampft, wobei sich Kieselsäure, mit Schwefel gemengt, abschied. Nach dem Filtriren, Auswaschen und Glühen derselben, wobei der Schwefel verbrannte, betrug ihr Gewicht: 0,0080 g. Das Filtrat hiervon wurde mit Ammoniumoxalat gefällt. Der filtrirte, ausgewaschene und geglühte Rückstand ergab: 0,0110 g Kalk, welcher sich bei der spektralanalytischen Untersuchung als frei von Baryt und Strontian erwies. Das Kalkfiltrat diente zur Magnesiabestimmung. Das Gewicht dieser betrug 0,0013 g Magnesia.

Der Glührückstand des Thornitrats betrug 46,42 %. Mithin beträgt nach Abzug der bestimmten Verunreinigungen der Prozentgehalt an Thorerde: 46,2066.

V. Die Untersuchung von Glühstrümpfen.

Die Aufschliessung der Glühkörper bietet gewisse Schwierigkeiten, weil das geglühte Thoroxyd nur schwer von den gewöhnlichen Lösungsmitteln in Lösung gebracht wird. Man verfährt folgendermassen:

Man erhitzt die aufzuschliessende Masse wiederholt mit einem Ueberschuss von saurem Kaliumsulfat im Platintiegel und löst jedesmal die geglühte Masse in Wasser auf. Der schliesslich bleibende Rest, der immerhin eine ziemliche Menge des Ganzen ausmachen kann, wird in concentrirter Schwefelsäure bis auf einen geringen Rückstand gelöst.

Diesen bleibenden Rückstand behandelt man längere Zeit unter Erwärmen mit concentrirter Ammoniakflüssigkeit, wodurch er sich vollständig in eine gallertartige Masse verwandelt, die dann nach dem Filtriren und Auswaschen in Salzsäure leicht löslich ist. Aus der ganzen vereinigten Lösung fällt man mit Ammoniak alle Erden in Form eines gallertartigen, weissen Niederschlages heraus, welchen man filtrirt, auswäscht und sodann in Salzsäure löst. Nach Drossbach ist der Auer'sche Körper nicht schwer aufschliessbar, wenn man Natriumbisulfat dazu verwendet statt Kaliumsulfat, weil letzteres zur Bildung eines Doppelsalzes, des Kaliumthorsulfats führt, welches sehr schwer löslich ist.

Wir geben im Nachfolgenden zunächst die Zusammensetzung von 11 verschiedenen Glühkörpern wieder. (1. die einzelnen Substanzen dem Gewicht nach. 2. in Procenten.) Es ist daraus ersichtlich, dass die aus dem an Ceroxyd reichsten Thornitrat des Handels erhältlichen Glühkörper noch weit ärmer an Ceroxyd sind als die an Ceroxyd ärmsten Glühkörper des Handels. Im Mittel ist der Ceroxydgehalt der letzteren 1 % und somit rund 5 mal so gross, wie der Gehalt an Ceroxyd in den unreinsten Thornitraten des Handels.

Die Zusammensetzung der untersuchten Glühkörper ergab (bezogen auf einen Glühkörper)[1]:

	1	2	3	4	5	6	7	8	9	10	11
	g	g	g	g	g	g	g	g	g	g	g
Thorerde	0,5664	0,5134	0,3095	0,3283	0,6826	0,5002	0,7885	0,5699	0,5338	0,5456	9,5185
Ceroxyd	0,0035	0,0071	0,0065	0,0028	0,0026	0,0040	0,0056	0,0070	0,0073	0,0045	0,0049
Yttererde	0,0014	—	—	—	—	—	—	—	—	—	—
Neodymoxyd . . .	—	—	0,0032	0,0012	Spur	—	Spur	—	—	—	0,0004
Zirkonerde	—	Spur	—	—	—	0,0005	Spur	—	—	Spur	—
Kalk	0,0061	0,0034	0,0014	0,0015	0,0043	0,0039	0,0016	0,0023	0,0016	0,0008	0,0034
Magnesia	0,0004	0,0007	0,0004	0,0005	0,0006	0,0006	0,0002	0,0005	0,0009	0,0003	0,0007
Summe	0,5778	0,5246	0,3210	0,3343	0,6901	0,5092	0,7859	0,5797	0,5436	0,5512	0,5279

1) Zeitschr. f. anal. Chem. **35**, 525—544, Wiesbaden, Lab. v. R. Fresenius und E. Hintz.

Setzt man die Summe der auf voriger Seite zusammengestellten Einzelbestandtheile gleich 100, so berechnen sich für die Einzelbestandtheile nachstehende Procentzahlen[1]):

	1	2	3	4	5	6	7	8	9	10	11
	%	%	%	%	%	%	%	%	%	%	%
Thorerde	98,03	97,87	96,42	98,20	98,91	98,23	99,06	98,31	98,20	98,98	98,22
Ceroxyd	0,61	1,35	2,02	0,84	0,38	0,78	0,71	1,21	1,34	0,82	0,93
Yttererde	0,24	—	—	—	—	—	—	—	—	—	—
Neodymoxyd . . .	—	—	1,00	1,36	Spur	—	Spur	—	—	—	0,08
Zirkonerde	—	Spur	—	—	—	0,10	Spur	—	—	Spur	—
Kalk	1,05	0,65	0,44	0,45	0,62	0,77	0,20	0,40	0,29	0,15	0,64
Magnesia	0,07	0,13	0,12	0,15	0,09	0,12	0,03	0,08	0,17	0,05	0,13
Summe	100	100	100	100	100	100	100	100	100	100	100

[1]) l. c.

Gang der Untersuchung von Glühstrümpfen.

Von ca. fünf Glühstrümpfen wird das Gewicht festgestellt. Die obersten Theile, „die Köpfe des Strumpfes“, werden abgeschnitten, damit die Zusammensetzung des eigentlichen Glühkörpers ungetrübt erscheint. Sodann wird die Masse mit Wasser unter Zusatz von etwas Salpetersäure erwärmt und die Lösung filtrirt. Die ausgezogenen Glühkörper werden darauf verbrannt und die zurückbleibende Asche wird mit saurem Kaliumsulfat geschmolzen; die Schmelze wird in Wasser und Salzsäure gelöst und mit Ammoniak gefällt. Der entstandene Niederschlag wird abfiltrirt, ausgewaschen, in Salpetersäure gelöst, die erhaltene Lösung mit der Hauptlösung vereinigt und dieselbe auf 500 ccm gebracht.

450 ccm davon werden zur Trockne verdampft. Der Rückstand wird mit Wasser und einigen Tropfen Salpetersäure aufgenommen, Natriumthiosulfatlösung zugefügt und zum Kochen erhitzt. — Der entstandene Niederschlag wird abfiltrirt, mit Wasser vollständig ausgewaschen und mit Salzsäure wieder in Lösung gebracht. Die Lösung wird verdampft, der Rückstand mit Wasser und einigen Tropfen Salzsäure aufgenommen und die Lösung nochmals mit Thiosulfatlösung gefällt. Der Niederschlag wird abfiltrirt und ausgewaschen.

Die bei der ersten und zweiten Fällung mit Thiosulfat erhaltenen Filtrate werden getrennt mit Ammoniak gefällt; die Niederschläge werden abfiltrirt (dieses Filtrat heisst R.) vollständig ausgewaschen, in Salzsäure gelöst und die vereinigten Lösungen verdampft. Der Rückstand wird mit Wasser und einigen Tropfen Salzsäure aufgenommen und die Lösung wiederum mit Thiosulfat zum Kochen erhitzt. Der nun entstandene geringe Niederschlag wird abfiltrirt und vollständig ausgewaschen; hierbei entsteht das Filtrat X.

Die beiden letzten, durch Fällung mit Thiosulfat erhaltenen Niederschläge werden in Salzsäure gelöst; die Lösung wird eingedampft, der Rückstand wird mit 3 ccm Salzsäure vom spec. Gew. 1,175 aufgenommen, die Lösung wird auf 250 ccm verdünnt und in der Wärme mit Oxalsäure gefällt.

Der Niederschlag wird nach zwei Tagen abfiltrirt, ausgewaschen, geglüht und gewogen.

Der gewogene Niederschlag ist reine Thorerde.

Die bei der Oxalsäurefällung von dem erhaltenen Niederschlag abfiltrirte Flüssigkeit wird verdampft, in dem Rückstand wird durch

Glühen die Oxalsäure zerstört, das dann noch Verbleibende in Salzsäure gelöst und die schwach salzsaure Lösung mit Ammoniak versetzt. Hierbei wird eine ganz minimale Fällung erhalten. — Das Filtrat X wird sodann mit Ammoniak gefällt. Der Niederschlag wird abfiltrirt, ausgewaschen, in Salpetersäure gelöst, die Lösung verdampft, der Rückstand mit Wasser aufgenommen und in der Wärme mit Oxalsäure gefällt.

Der Niederschlag wird abfiltrirt und ausgewaschen (hierbei entsteht das Filtrat: Z) (der Niederschlag wird spektroskopisch auf Neodym geprüft) und geglüht. Der Rückstand wird mit saurem Kalisulfat geschmolzen, die Lösung der Schmelze mit Ammoniak gefällt, der Niederschlag abfiltrirt, ausgewaschen und in Salzsäure gelöst.

Die salzsaure Lösung wird mit kohlensaurem Natrium annähernd neutralisirt, Natriumacetat und freie Essigsäure hinzugefügt mit Natriumhypochlorit versetzt und zum Kochen erhitzt; (es entsteht das Filtrat: Y).

Der hierbei entstandene Niederschlag wird abfiltrirt, ausgewaschen, in Salzsäure gelöst und die Lösung nochmals in gleicher Weise mit Hypochlorit gefällt. Der nun entstandene Niederschlag wird nach dem Abfiltriren und Auswaschen wieder in Salpetersäure gelöst, mit Ammoniak nochmals niedergeschlagen, abfiltrirt, ausgewaschen, geglüht und gewogen.

Der gewogene Rückstand besteht aus reinem Cerdioxyd. Das Filtrat Y wird mit Salzsäure angesäuert, gekocht und mit Ammoniak versetzt. Selbst nach längeren Stehen wird in der Regel nur ein sehr geringer Niederschlag erhalten werden.

Das Filtrat Z wird zur Trockne verdampft, der Rückstand geglüht, mit Salzsäure aufgenommen und die Lösung mit Ammoniak gefällt. Der meist geringe Niederschlag besteht zum grössten Theil aus Eisenoxydhydrat und wird auf Uran geprüft. Das Filtrat R wird mit oxalsaurem Ammon gefällt, wodurch Kalk gefunden wird (ein entstandener Niederschlag wird auf Strontian und Baryt spektroskopisch geprüft).

Im Filtrate vom Kalkniederschlag wird schliesslich die Magnesia bestimmt.

Patente.

D.R. P. 90652. B. Kosmann, 31. XII. 1895; Darstellung reiner Thoriumsalze aus Monazitsand. (S. S. 69.)

D.R. P. 93854. B. Kosmann, Charlottenburg, 16. XII. 1896; Verwendung der Superoxyde der Ceriterden als Rostschutzmittel. (S. S. 130.)

D.R. P. 93940. M. Fromlein und J. Mai, Heidelberg; Verfahren, aus dem Monazitsand ein ca. 50 % Thorerde enthaltendes Material darzustellen. (S. S. 70.)

D.R. P. 94739. G. P. Drossbach, Deuben-Dresden, 20. XI. 1896; Verwendung der Lösungen der Salze von La, Di, Y, Er, Yb zur Desinfektion oder Konservirung fäulnissfähiger Substanzen. (S. S. 130.)

D.R. P. 95061. W. Buddeus, Wilmersdorf, L. Preussner, Ph. Itzig, Charlottenburg und G. Oppenheimer, Berlin; Anreicherung des Thoroxydhydrats in daran armen Monazitsanden. (S. S. 71.)

D.R. P. 97525. B. Kosmann, Berlin, 15. IV. 1897; Färben mit Salzen der Ceriumgruppe. (S. S. 131.)

D.R. P. 97689. B. Brauner, Prag, 31. VII. 1897; Trennung der Thorerde von den übrigen seltenen Erden. (S. S. 72.)

Engl. P. 18915. B. Kosmann, Berlin, 26. VIII. 1896; Trennung gewisser seltener Erden und Herstellung von Stoffen zur Glühlichtbeleuchtung daraus. (S. S. 72.)

D.R. P. 108296. R. Langhaus, Berlin, 17. IX. 1898; Herstellung von Erdglühkörpern auf elektrolytischem Wege.

Amerik. Pat. 558197. A. Müller Jacobs, N.-Y., 17. VI. 1895; Herstellung von Zirkontannat.

Alphabetisches Verzeichniss.

Aeschynit 11, 13.
Allanit 20.
Apatit 26.
Arrhenius 2.
Arrhenit 26.
Auer 6, 47, 57, 63.
Auerbachit 39.

Bahr 4, 6, 47.
Berlin 3, 6, 25, 75.
Berzelius 2, 5, 6, 7, 13, 17, 65.
Bestimmungsmethoden 180.
Blake 25.
Bodenit 11, 14.
Boisbaudran 5, 6, 49, 118.
Bokorny 131.
Bondi 13.
Boudouard 64.
Brauner 67.
Buddeus 71.
Bunte 37.
Bunsen 4, 47, 54, 56, 66, 176, 185.

Cer 57, 72, 171, 181.
Cerit 18.
Ceritoxyd 4, 18, 54, 171.
Cerin 21.
Cerverbindungen 103.
Chancel 75.
Charch 7.
Chydenius 10, 65.
Clarc 172.
Cleve 4, 50, 57.
Coprolith 26.
Cossa 26.
Crookes 53, 63.

Damour 6, 57.
Dahl 13.
Dauber 41.
Decipium 5, 52.
Decipiumverbindungen 98.
Delafontaine 3, 6, 46, 49, 179.
Demarcay 64.
Desinfektionsmittel 130.
Dennis 178.
Descloiseaux 41.
Deville 57, 172.
Didym 3, 6, 56, 63, 72, 172.
Didymverbindungen 122.
Dimmer 64.
Donarium 6.
Drossbach 48, 61, 71.
Dunington 23.

Eckeberg 2.
Ekabor 50.
Erbinoxyd 3.
Erbiumverbindungen 89.
Erdmannit 24.
Esmark 6.
Eudialyt 40.
Euxenit 10.

Färberei 131.
Fergusonit 11, 12.
Fluocerit 21.
Forbes 10, 13, 25.
Forchhammer 42.
Franz 76.
Frerich 57.
Frömlein 70.
Fresenius 177.

Gadolin 2.
Gadolinit 2, 8, 44, 46, 169.
Genth 25.
Gibbs 172.
Glaser 37.
Glühstrumpfanalyse 199.
Gray 29.

Hartwell 12.
Hermann 7, 11, 26, 27, 39.
Hjelmit 26.
Hintz 176.
Hisinger 5.
Höglund 4.
Holmium 4.
Holminerde 51.
Holzmann 176.

Jargonit 7.
Jegel 55.

Katapleit 41.
Kenngott 13.
Klaprot 5, 7.
Kosmann 69.
Krüss 6.
Kryptolith 21.
v. Knorre 182.

Lanthan 2, 6, 56, 72, 172.
Lanthanit 25.
Lanthanocerit 26.
Lanthanverbindungen 115.
Literatur 2, 8, 43, 81, 146.

Mai 71.
Malakon 40.
Mallet 52.
Marignac 4, 7, 50 66, 75.
Marx 54.
Mendelejeff 50.
Mengel 59.
Mikrolith 23.
Monazit 21, 27, 29.
— -Ablagerung 32.
— -Analyse 187.
Monazit-Handel 32.
— -Gewinnung 35.
Mosander 2, 6, 44, 46, 53.
Muthmann 59, 65, 169.

Neodym 6, 63.
Nilson 6, 50, 68, 78.
Nitze 36.
Nohlit 26.
Nordenskjöld 26, 122.
Nyland 7.

Oerstedtit 42.
Orangit 27, 66.
Orthit 20.
Osteolith 26.

Parisit 22.
Patentliteratur 205.
Philippinerde 5, 51.
Philipson 36.
Polykras 11, 12.
Polymignit 11, 13.
Popp 3, 47, 56, 172.
Praseodym 6, 63, 122.
Pyrochlor 22, 24.
Pyromorphit 26.

Qualitative Analyse 147.
Quantitative Analyse 169.

Radminsky 17.
Ramsay 31.
Rammelsberg 10, 11, 12, 16, 18, 26, 29.
Reaktionen 147, 158.
Robinson 172.
Rose 11.
Roscoe 52.
Rostschutzmittel 132.

Samarium 7, 53.
Samariumverbindungen 99.
Samarskit 4, 11, 15.
Scandium 4, 50.
Scandiumverbindungen 98.
Scheelit 26.
Scheerer 2, 21, 41.
Schiötz 17.
Serpentin 26.
Shapley 29, 122.
Sjogren 7.
Smith 4, 25.
Soret 4, 51.
Sorby 7.
Staffelit 26.
Strecker 10.
Svanberg 7.

Terbin 3, 49.
Terbinverbindungen 84.
Thorium 6, 27, 65, 78, 179, 181.
— -Verbindungen 131.
— -Nitratpreise 32.
— — -Analyse 192.
Thorit 6, 26, 27.
— -Analyse 190.
Thulium 4.
Thulinerde 51.
Trennungsmethoden 169.
Tritonit 11, 25.
Troost 79.
Tschernik 19.
Tyrit 11, 13.

Uranotantalite 11.
Urbain 48, 64.

Verneuil 6, 58, 73.

Waage 47.
Wasium 6.
Wilken 36.
Winkler 173.
Wiserin 11, 17.
Witt 60, 69.
Wöhler 27, 53.
Wöhlerit 41.
Wyrouboff 6, 58, 73.

X (Element) 4.
Xenotim 11, 17.

Yα (Element) 54.
Yβ (Element) 54.
Ytterbium 3, 8, 50.
— -Verbindungen 85.
Yttrium 3, 8, 76.
Yttriumverbindungen 81.
Yttrocerit 11, 16.
Yttroilmenit 11.
Yttrogranat 11.
Yttrotantalit 11.
Yttrotitanit 11, 15.

Zirkon 6, 38, 74, 79.
— -Verbindungen 138.
Zschiesche 57, 174.